TINA STÜMPFIG
蒂娜·史敦普菲格 著
非語 譯

寵物仁神術

貓狗全身能量點圖解，
平日保健、緩解症狀，自學觸療超簡單！

JIN SHIN
FOR CATS AND DOGS

*Healing Touch
For Your
Animal Companions*

各界讚譽

「一本簡單易懂、專為貓狗飼主撰寫的手冊，解決小問題，也調理比較複雜的主題，包括健康相關問題和心理問題。書中的圖片與逐步說明，讓不懂這個實作法的新手，也可以很好地運用正確的手法來幫助自己的毛小孩。」

——梅蘭妮・凱斯勒（Melanie Kessler）
另類療法師、動物靈氣療癒師、動物心理學家兼溝通師

「我強力推薦蒂娜・史敦普菲格的《寵物仁神術》。這本書讀來輕鬆有趣，手法簡單易學。就跟用在人類身上一樣，你也可以啟動貓狗的自癒能力。從生理問題到心理問題，書中皆有詳細說明，搭配圖片輔助，使本書容易理解，因此適合初學者，也適合進階讀者。」

——克絲汀・莫爾（Kirsten Mohr）
動物仁神療癒師

「每位飼主都夢想有一種簡單溫和、無副作用的方法，讓他們能夠親自幫助生病的狗狗或不適的貓咪。仁神術的療癒能量流使這事變得有可能——只需觸碰身體上的特定能量點和部位。按壓特定的『安全能量鎖』，便能啟動能量流、釋放堵塞，從而幫助維持或恢復健康。在蒂娜・史敦普菲格的《寵物仁神術》當中，你可以學到這門技藝是多麼簡單又直接。本書不僅關注毛寶貝的身體疾病，作者還針對其行為異常和心靈問題，提供實用的治療建言。對每一位愛狗愛貓、希望親自幫助毛寶貝或有效地輔助獸醫治療的人士而言，這是一本必讀之作。」

——莫妮卡・法爾克（Monika Falck）
動物溝通師兼動物家族系統排列師

目次

前言　讓毛小孩享受其中的溫和觸療法 9

第一部　介紹仁神療癒術

1. 什麼是仁神術？ 13

2. 仁神術的施作 14

3. 實用提示 15

4. 二十六個安全能量鎖 17

5. 全身調和法 19
　初始中心調整 20 | 啟動能量流 21 | 腳掌能量流 22 | 正中能量流 22 |
　監督者能量流 31

6. 其他三大重要能量流 33
　脾臟能量流 35 | 胃能量流 39 | 膀胱能量流 48

第二部　適合貓咪的仁神觸療法

1. 頭部 57
　眼睛 58 | 耳朵 60 | 口腔與牙齒 64 | 腦 66

2. 呼吸系統 69
　上呼吸道 70 | 咽喉 72 | 下呼吸道 73

3. 心血管系統 75
　心臟病與心臟衰竭 76 | 循環問題 77

4. 消化器官 79
　胃 80 | 腸 82 | 肝臟 84 | 胰臟與脾臟 85

5. 泌尿系統　　　　　　　　　　　　　　　　　　　　　87
膀胱 88｜腎臟 89

6. 生殖器官　　　　　　　　　　　　　　　　　　　　　93
公貓生殖器官 94｜母貓生殖器官與生產輔助 95

7. 皮毛與皮膚　　　　　　　　　　　　　　　　　　　101
皮毛 102｜皮膚 103

8. 神經系統　　　　　　　　　　　　　　　　　　　　107
肌肉抽搐 108｜癱瘓 109

9. 肌肉骨骼系統　　　　　　　　　　　　　　　　　　111
背部與脊椎 112｜肌肉 113｜韌帶、肌腱與關節 114｜骨骼 117

10. 免疫系統　　　　　　　　　　　　　　　　　　　　119

11. 傳染病　　　　　　　　　　　　　　　　　　　　　121

12. 水腫、增生與腫瘤　　　　　　　　　　　　　　　　123
水腫 124｜增生與腫瘤 124

13. 行為與心靈　　　　　　　　　　　　　　　　　　　127
恐懼與恐慌 128｜侷促不安與神經緊張 128｜驚嚇反應 128｜
食物嫉妒 129｜打鬥與攻擊行為 129｜被忽視與受虐待 130｜噪音敏感 130

14. 受傷與緊急情況　　　　　　　　　　　　　　　　　131
傷口與咬傷 132｜昆蟲螫傷、異物刺入與荊棘植物刺傷 132｜燒傷 132｜
腦震盪 133｜骨折 133｜瘀傷 134｜休克 134｜中毒 134｜中暑與日射病 135｜
窒息與呼吸急促 135｜手術 135｜疼痛 136｜臨終照護 136

15. 其他問題　　　　　　　　　　　　　　　　　　　　137
如廁訓練 138｜衛生習慣不足 138｜調和藥物的副作用 138｜
緩解疫苗反應 139

第三部　適合狗狗的仁神觸療法

1. 頭部 143
　　眼睛 144 | 耳朵 147 | 口腔與牙齒 151 | 腦 154

2. 呼吸系統 157
　　上呼吸道 158 | 咽喉 160 | 下呼吸道 161

3. 消化器官 163
　　胃 164 | 胰臟與脾臟 167 | 腸 168 | 肝臟 171

4. 肌肉骨骼系統 173
　　背部與脊椎 174 | 肌肉 174 | 韌帶、肌腱與關節 175 | 骨骼 178

5. 泌尿系統 181
　　膀胱 182 | 腎臟 183

6. 生殖器官 185
　　公狗生殖器官 186 | 母狗生殖器官與生產輔助 187

7. 皮毛與皮膚 193
　　皮毛 194 | 皮膚 195

8. 神經系統 199
　　神經痛 200 | 肌肉抽搐 200 | 癱瘓 201 | 癲癇 202

9. 免疫系統 203

10. 傳染病 205
　　犬瘟熱 206 | 鉤端螺旋體病 206 | 犬細小病毒 207 | 犬舍咳 207

11. 水腫、增生與腫瘤 209
　　水腫 210 | 增生與腫瘤 210

12. 受傷與緊急情況 213
　　傷口 214 | 血腫 214 | 咬傷 215 | 昆蟲螫傷、異物刺入與荊棘植物刺傷 215 |
　　燒傷 215 | 腦震盪 216 | 骨折 216 | 瘀傷 217 | 休克 217 | 中毒 217 |
　　中暑與日射病 218 | 窒息與呼吸急促 218 | 痙攣 218 | 手術 219 | 暈車 219 |
　　疼痛 219 | 用力過度 219 | 臨終照護 220

13. 心理問題 221
恐懼與恐慌 222 | 侷促不安 223 | 神經緊張與驚嚇反應 224 |
思家病 225 | 妒忌 226 | 食物嫉妒 226 | 打鬥與攻擊行為 227 |
頑固 228 | 被忽視 228 | 受虐待 228 | 噪音敏感 229

14. 其他問題 231
如廁訓練 232 | 亂吃垃圾或糞便 232 | 衛生習慣不足 232 |
調和藥物的副作用 233 | 緩解疫苗反應 233

結語 235

致謝 236

前言
讓毛小孩享受其中的溫和觸療法

仁神術（Jin Shin Jyutsu）是一種每一個人類生來就蘊藏於內在的直覺療癒知識，而且屢屢無意識地使用。

例如，思考時用手托著腦袋，我們就是在啓動腦子的某些部位，藉此幫助自己回憶。在學校，孩子們時常雙手放在大腿下方坐著，這幫助他們專注聚焦、更用心聆聽、增強記憶力。交叉雙臂時，我們觸碰到手肘臂彎處的某個點，那有助於校正我們，與自己的權威和力量相映契合。此外，我們直覺地將手放在疼痛的部位，無論是在自己身上還是動物身上，作爲安慰的方法。其實，每一個人都懂仁神術——我們只是需要再次憶起它。

仁神術是能夠調和生命能量的溫和療癒藝術，適用於人類，也適用於動物。藉由將雙手放在身體上的特定能量點，可以恢復生命能量的流動、刺激自我療癒的潛能、緩解、乃至完全消除不適與症狀。按壓仁神術的能量點是奇妙又容易的方法，可以重拾心智與身體的平衡。

假使你的貓咪或狗狗正在接受獸醫的治療，或是即將動手術，你可以運用仁神術幫助牠們。仁神術對手術後的復原幫助頗大，它可促進痊癒的過程，讓身體更容易承受麻醉藥的作用。

藉由按著身體上的特定能量點，你幫忙「跨接啓動」生命能量，讓生命能量可以再次和諧、均勻、強而有力地流動。健康與幸福仰賴這股和諧的生命能量流。

即使你的貓咪或狗狗沒有任何症狀或其他問題，你還是可以運用這些生命能量流作爲預防措施。只需要調理幾分鐘，就可以增強毛小孩的健康與復原能力。

本書爲你帶來機會，讓你在毫無基礎的情況下，毫不費力地運用仁神術的奇妙方法，而仁神術本質上不僅止是一種方法。請與你的毛小孩一起好好享受仁神術的美妙藝術吧！

第一部
介紹仁神療癒術

1. 什麼是仁神術？

　　仁神術是一門調和體內生命能量的古老藝術。當生命能量和諧地流動時，人類和動物都很健康。當堵塞出現在能量通道內，這些便以不適和初期症狀的形式顯現出來。假使能量持續失衡，這些症狀可能會變得根深柢固、難以治癒，而且新的症狀可能會出現。

　　早期，人們在不同的文化中體現、施作、口耳相傳仁神觸療法，直到這門古老的知識最終在時間的長河中被人遺忘。然而，在遠東地區，這個寶貴的知識並未完全消失，因此在二十世紀初，日本人村井次郎（Jiro Murai）讓這門寶貴的藝術起死回生。村井將這門療法命名為「仁神術」，並傳授給他的學生加藤老師（Kato Sensei）和瑪麗·柏邁斯特（Mary Burmeister）。

「仁神術」這個名稱由三個日語詞彙構成：
- **Jin**（仁）：知曉而慈悲之人
- **Shin**（神）：造物主
- **Jyutsu**（術）：藝術

意思是：「造物主透過知曉而慈悲之人傳遞的藝術。」

　　日常生活中，仁神術被稱作「調和能量流」（harmonizing energy flows），因為按著身體上的特定能量點，可以刺激生命能量再次順暢地「流動」，而且稍加練習就可以感受到。這些能量點被稱作「安全能量鎖」（safety energy lock，簡稱SEL），它們是能量高度集中的部位。全身共有二十六個安全能量鎖。按壓這些能量點的時候，可以輕易地釋放堵塞。這些安全能量鎖位於將生命導入體內的能量通道之中。假使堵塞出現在這些通道裡，該區內的能量流動便被打斷，最終打亂整個能量流模式，於是出現失調和疾病。

■ 雙手放在特定的安全能量鎖上，你可以幫助你的貓咪或狗狗在心智、身體、心理上重拾和諧，因為堵塞消融，於是症狀消失。

2. 仁神術的施作

最初，為了人類而重新發現仁神術。然而，能量法則同樣適用於動物，因此，我們也可以將仁神術用於貓咪和狗狗。實際上，動物對療法的反應往往比人類更快，因為牠們的能量振動不同於人類。再者，或許也因為動物不會因為心智障礙而影響自身的療癒進程。

雖然對人類來說，下述規則適用：成人調理時間大約一小時，孩童大約二十至三十分鐘；但對動物來說，調理時間大約是十至十五分鐘，甚至更短。毛小孩在得到足夠的調理後，往往會直接從你身邊走開。

若要施作仁神術，一般同時按著身上的兩個點，這兩個點通常是兩個安全能量鎖。將手指或手掌放在指定的位置，直到生命能量再次開始順暢地流動為止。你可能會感覺到一種刺痛感、內在流動、或穩定的脈動。每一個人對這點的感知可能不太一樣。你只需要按著這些點即可，無需輸出自己的能量。可以說，你的雙手就像「跨接電纜」，讓「能量電池」可以重新充電，生命能量可以再次順暢而強勁地流動。

請用手指、指尖或手掌按著指定的能量點，直至你感覺到穩定的流動或脈動為止。剛開始體驗仁神術時，這類脈動或流動往往不是那麼的明顯。可能需要一些時間，才能適應並清楚地感知到這類微妙的能量。在此期間，只要遵守下述規則：每個能量點或組合能量點按一至三分鐘，然後移至下一個能量點。如果只是調和單個能量點，可以按十至十五分鐘。

至於調理時間較長的能量流療法，例如，由七個步驟構成的「正中能量流」（main central flow），每個點按兩分鐘，每次調理你的毛小孩大約十五分鐘即可。不過，你也可以在當天選擇縮短每次調理的時間，增加施作的頻率。毛小孩在得到足夠的調理時，通常會讓你知道──牠們會轉身離開、變得躁動、或直接走開。有時候，調理不到一分鐘便發生這種情況。那完全沒問題。只需稍後再為毛小孩調理一次即可。

3. 實用提示

按壓能量點的快速指南

- 確保氣氛盡可能地平靜、不被干擾。
- 事先餵飽你的貓咪或狗狗，避免牠們因為飢餓或生理需求而分心。
- 決定要使用哪些能量點或能量流。
- 一開始，按著初始中心調整能量點（見第20頁）。
- 然後，雙手或手指放在選定的能量點上。
- 按著能量點，直至你感覺到平靜、均勻的流動或脈動（每個能量點按約二至三分鐘）。
- 視問題的情況而定，你可以每天調理二至三次，或更多次。你的毛小孩會讓你明白，什麼樣的調理頻率最適合牠們。
- 有不同的安全能量鎖或能量流可以對治大部分的問題。要嘗試不同的方法，看看哪一種最有效。如果你的毛小孩不喜歡某種按壓手法，不妨嘗試另一個手法。
- 你不會出錯的！

放輕鬆

　　仁神術是不費力的。要放下所有的緊張與用力。仁神術可以很簡單！只要關注什麼對你和你的毛小孩有好處。與其關注症狀並試圖消除症狀，不如將焦點集中在和諧以及始終存在的生命能量。好好感受將生命帶進身體內、以及維持完美能量循環的脈動。透過你的調理，你強化了這股脈動。而且你調和那些創造、滋養、更新身體的能量流。要讓直覺指引你，找到你自己的方法。

　　再說一次：你不會出錯的！即使不小心按「錯」能量點，也不會產生負面的後果。只是療效可能需要比較久的時間才會顯現。能量流的調和始終與身體的智慧相連，而且身體最終會完全根據需求來運用這股調和的能量。

持續調理

至於比較嚴重的疾病或慢性病,經常調和能量點尤其重要。你可以全天候多次調理,一次持續幾分鐘,定期為毛小孩的身體補充能量脈動。或者,你可以一天調理一次,加長按壓能量點的時間。讓你的毛小孩來引導你,看看哪一種方式讓牠舒服自在。

此外,要記住:健康的貓咪和狗狗也喜歡被調理!經常調理會讓你的毛小孩進入深度放鬆的狀態,而放鬆的狀態可促進大規模的再生和痊癒。

要有耐心

如果你調理某個問題,一開始沒看出什麼變化,請不要灰心。身體的系統通常會優先調節生命體最需要的部分。或許,你的毛小孩已經整體變得比較平靜、比較放鬆;又或許,另外一個症狀已經突然間消失了。仁神術始終有效,即使我們自己沒有覺察到。

然而,這並不意味著仁神術的本意是要取代醫生。如果你的貓咪或狗狗虛弱、生病或受傷,務必帶去給獸醫檢查。然後你始終可以調和能量點,提供額外的輔助方法。

要有自信,放輕鬆,不要給自己壓力,好好享受與你的毛小孩共度的時光。要對療效保持好奇,有時候療效可能會非常迅速地顯現,有時候則會以我們意想不到的方式發生。每一次調理都帶來更多的和諧、增強免疫系統、刺激自癒能力。

4. 二十六個安全能量鎖

「能量鎖」又名「安全能量鎖」（SEL），如前所述，這些是身體上特定的能量點，能量高度集中的部位。這些能量點是高導電區，觸碰時，會將特定的刺激傳送到整個能量流模式或能量通道。

二十六個安全能量鎖對稱地分布在身體的兩側。以下是貓咪與狗狗的安全能量鎖分布圖。

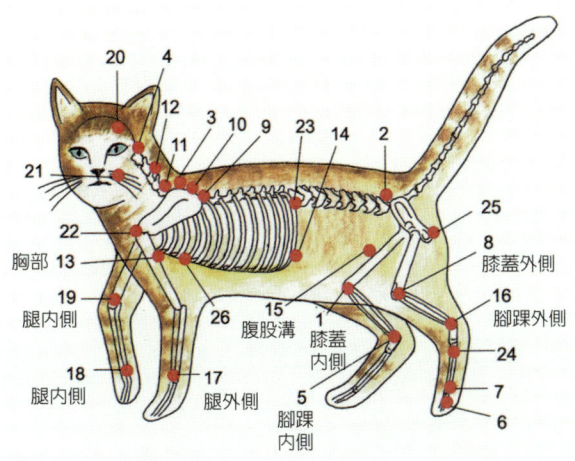

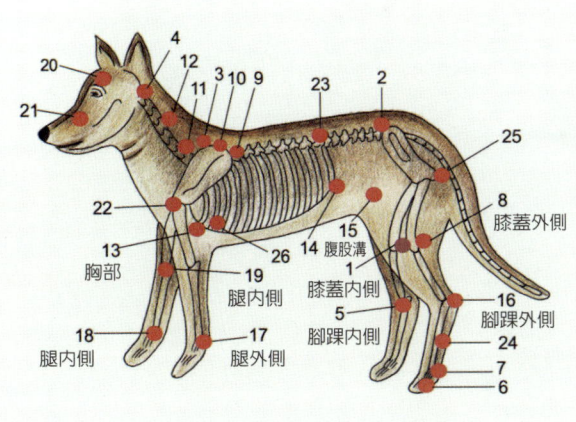

第一部　介紹仁神療癒術

　　每個SEL的直徑大約相當於動物腳掌的大小，而在人類身上則接近手掌的大小。這表示，你不需要擔心是否實際找到某個能量點的位置，因為能量點的範圍夠大。

　　儘管如此，如果一開始沒有找到正確的能量點位置，也沒什麼大不了。久而久之，你會逐漸熟悉SEL的位置，最終就可以自然而然地精準找到它們的位置。

　　由於你不可能搞錯調和能量點，加上仁神術比較像藝術（你就是那位藝術家！），而不是技術，所以請放心實驗，好好探索，看看哪種方式感覺好，什麼方法讓你的貓咪或狗狗放鬆。針對任何一種症狀或問題，都有幾種方法可以調理。要發揮創意，讓你的直覺感指引你。信任自己和你的毛小孩──牠們往往直覺地知道自己當下最需要什麼。

5.
全身調和法

初始中心調整 20

啟動能量流 21

腳掌能量流 22

正中能量流 22

監督者能量流 31

第一部　介紹仁神療癒術

初始中心調整

下述按壓法非常適合展開療程：
一手放在 **SEL 13**，另一手放在 **SEL 10**。

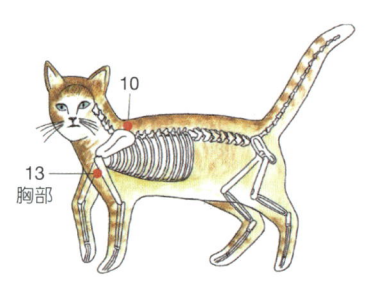
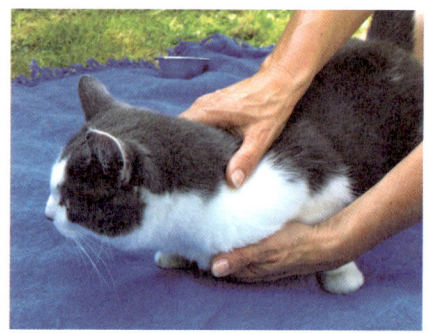

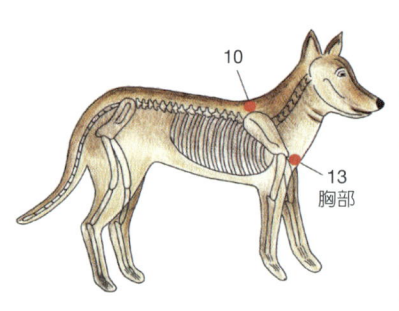
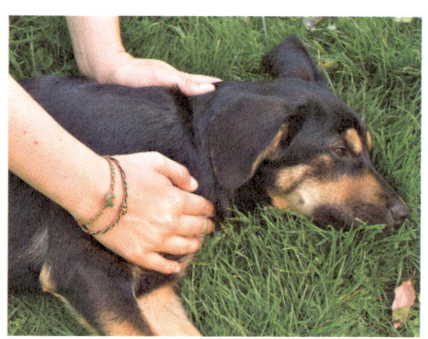

這是很好的起手按壓法，可以調整狀態，開始放鬆。它讓呼氣和吸氣達致平衡，營造休息的狀態，幫助毛寶貝接受調理。

這個手法很重要，適用於：
- 所有呼吸問題。
- 過敏。
- 咳嗽。
- 支氣管炎。
- 懷孕期。
- 被忽視或受虐待的寵物。
- 極度害羞的動物。

> **啟動能量流**

這個簡單的手法也很適合展開療程。此法促使能量流動，同時帶來深度的鎮靜效果。此外，對於非常躁動不安、通常不喜歡被觸摸的貓咪或狗狗來說，這也是有幫助的手法。再者，它是很好的急救手法，適合所有的受傷、意外事故、休克、過熱。

針對身體左側施作：
左手放在左側 SEL 4（就在頭骨底部），右手放在左側 SEL 13（胸部左側，大約第三根肋骨的高度）。

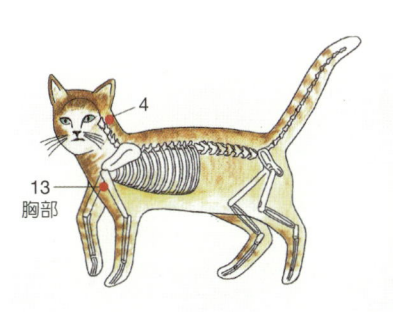 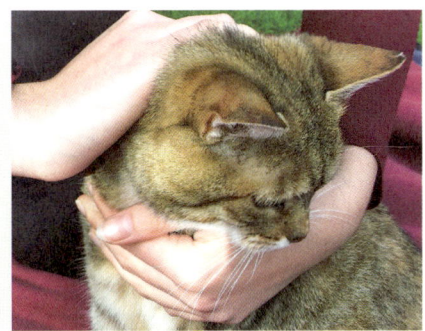

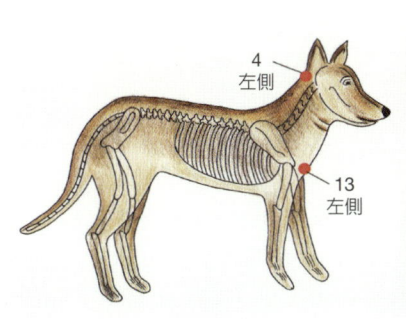 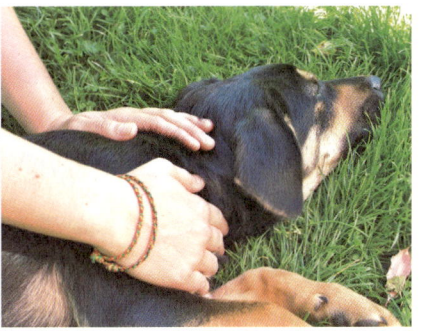

針對身體右側，則左右對調：
右手放在右側 SEL 4，左手放在右側 SEL 13。

這個手法可幫助：
- 調和情緒。
- 消除全身疲勞。
- 改善所有頭部相關問題。
- 增強眼力。
- 輔助身體同一側的腿部。
- 輔助臀部，且對臨終照護非常有幫助（見第136頁與220頁）。

腳掌能量流

腳掌能量流（paw flow）對應人類的手指－腳趾能量流。以人類的手指－腳趾能量流而言，始終同時握住某根手指與身體另一側相反的腳趾。也就是說，同時握住右手拇指與左腳小趾，右手食指與左腳第四趾，依此類推。

針對貓咪和狗狗的腳掌能量流，則需要握住整個腳掌：一側前腳掌搭配身體另一側的後腳掌。也就是說，右前腳掌搭配左後腳掌，左前腳掌搭配右後腳掌。這是非常簡單然而極其有效的能量流，可以隨時隨地使用。

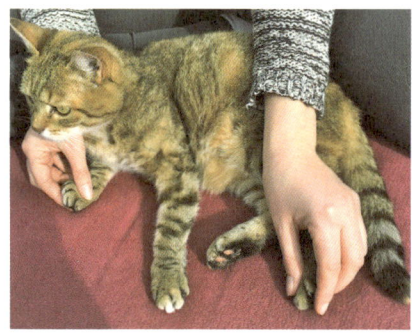 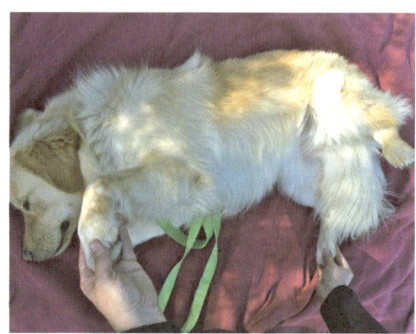

腳掌能量流使全身再生和更新，幫助骨折與扭傷的癒合，強化脊椎並改善所有背部相關問題。遇到中風時，這股能量流很重要，同時也是受傷的急救手法。

正中能量流

正中能量流直接將人類和動物跟宇宙的生命源頭連結，也就是與神性能量（divine energy）連結，那是將生命帶入身體的源頭。這股能量流又名「奇蹟療癒流」（miracle healer）或「正中垂直能量流」（main central vertical flow），它為人類與動物提供宇宙的生命能量。這股能量不間斷地沿著人類的身體正面下行，沿著動物的腹部下行，然後沿著人類的身體背部或動物的身體上方上行；換言之，它沿著身體的中線流動，故名「正中能量流」。

村井次郎也把這股能量流稱作「生命的偉大呼吸」。由於直接連結到宇宙能量，它可以說是我們能量供應的主要來源，也是精神與物質之間的連結。生命透過正中能量流才有可能存在。它也為身體內的所有生理過程提供能量。

按著特定的能量點，我們可以幫助正中能量流順暢而強勁地循環流通。不要因為這股能量流很長就令你卻步。從一開始你就會注意到，這股能量流的按壓手法既簡單又合乎邏輯。

由於正中能量流是最強大的能量流,因此絕對值得花時間一再施作。只需坐在毛小孩的左側,按著這股能量流的能量點。它其實不像看起來那麼複雜。

步驟1:左手放在毛小孩胸部中間兩側**SEL 13**之間,左手一直放在這裡,直到整個流程結束。右手放在毛小孩脊椎尾端兩側**SEL 25**中間。

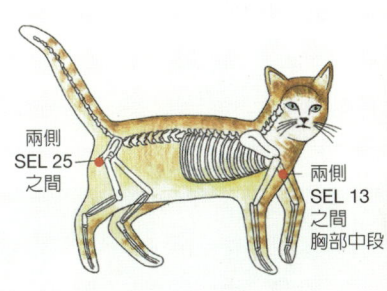
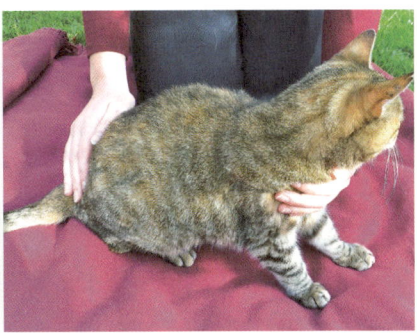
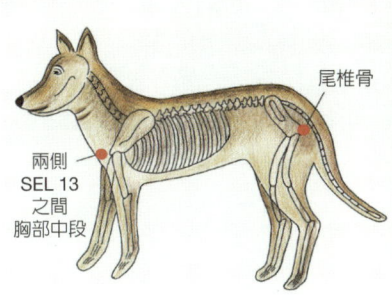
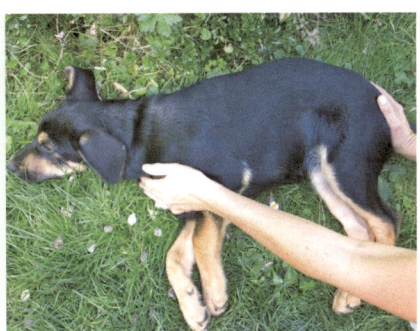

全身調和法

23

步驟 2：右手移至毛小孩骨盆上緣兩側 SEL 2 中間。

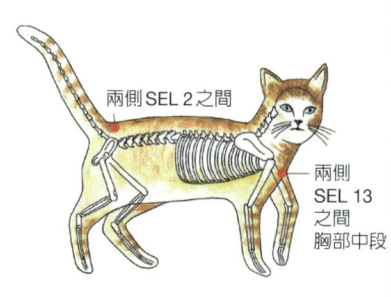
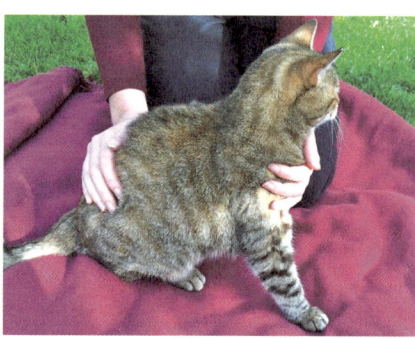

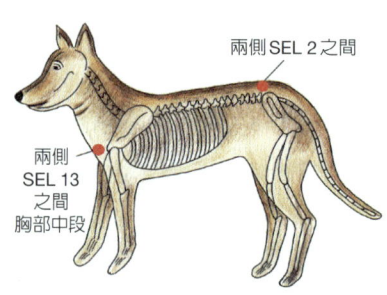
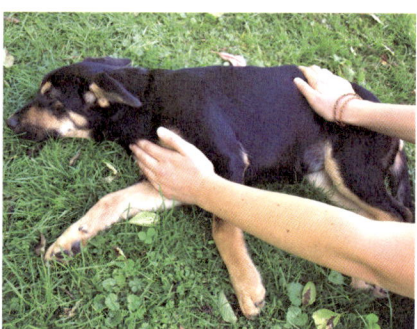

步驟3：右手移至毛小孩背部最後一條肋骨（肋弓）的位置，放在兩側SEL 23中間。

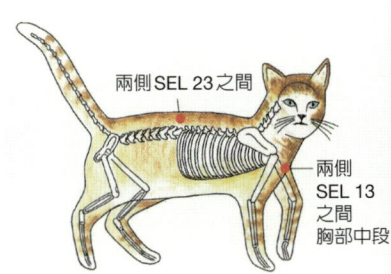
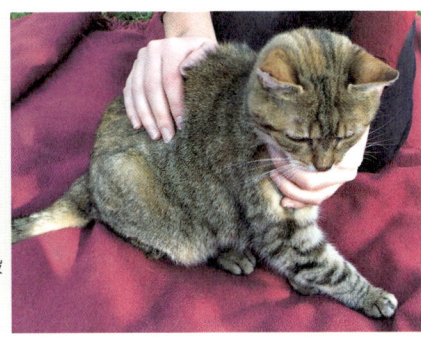

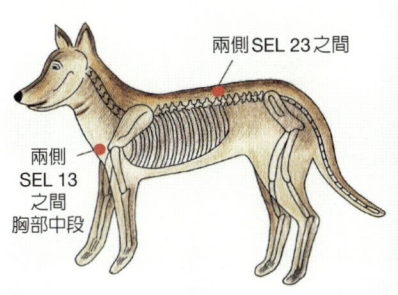
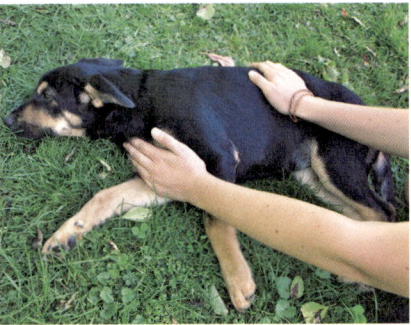

步驟4：右手移至肩胛骨之間，放在 SEL 9、10、3 中間的位置。

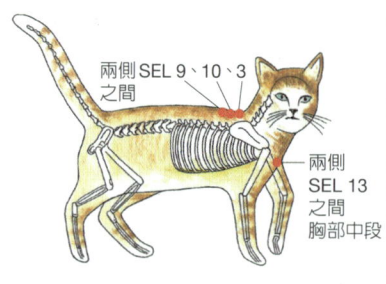
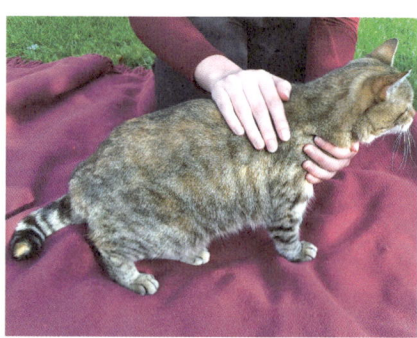

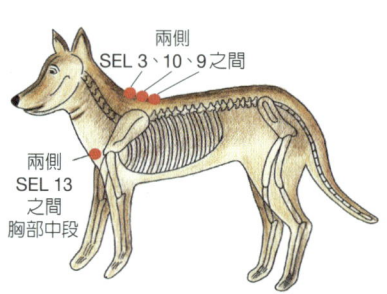
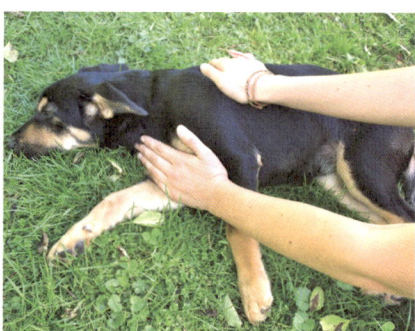

步驟5：右手移至頸椎底部，放在兩側 SEL 11 中間的位置。

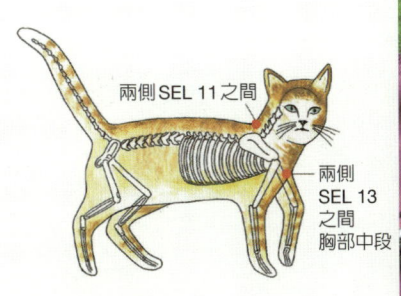
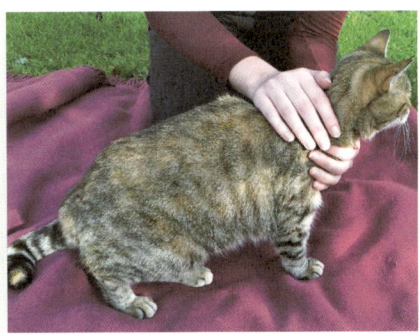

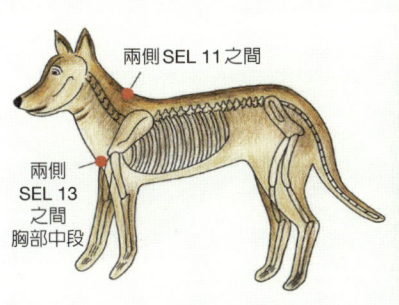
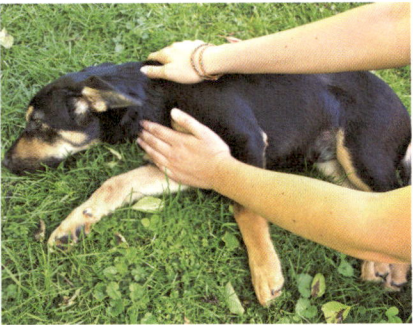

全身調和法

第一部　介紹仁神療癒術

步驟6：右手移至頸部中段，放在兩側 **SEL 12** 中間的位置。

如果是較大型的狗，可以進一步將右手直接移至頭骨底部，放在兩側 **SEL 4** 中間。

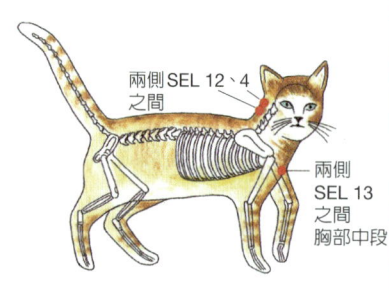
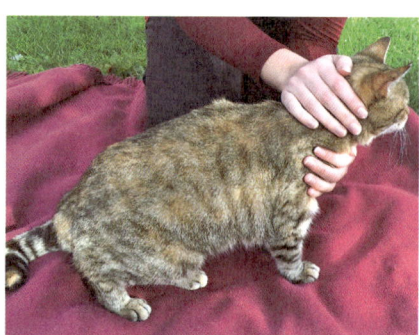

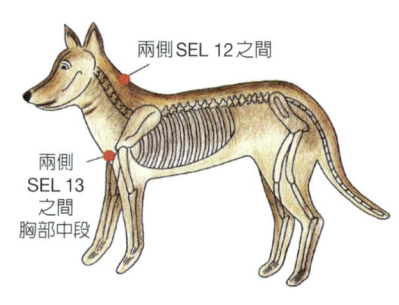
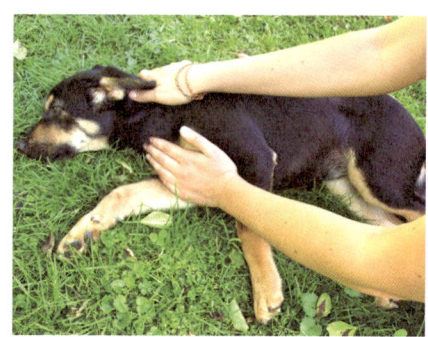

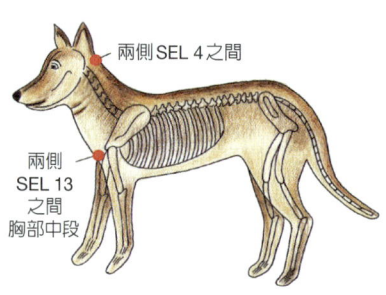

步驟7：右手移至前額，放在兩側 SEL 20 中間。

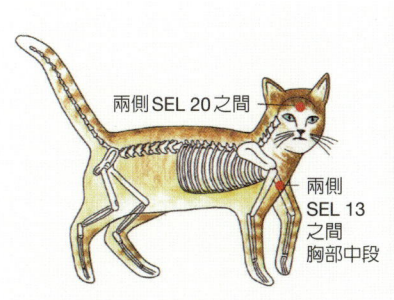
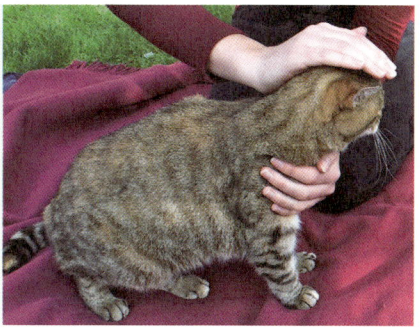
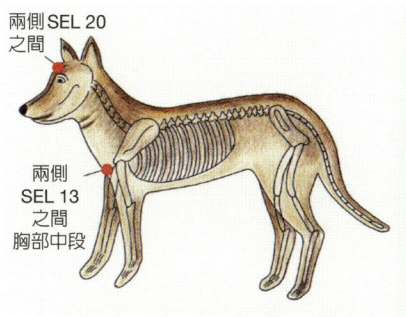
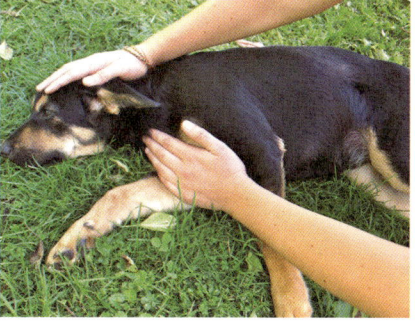

正中能量流威力十分強大，它促進全面的再生，使整個生命體達致和諧與平衡。

正中能量流手法可幫助：
- 放鬆身體、心靈與神經。
- 為身體、心智與靈魂帶來新的能量。
- 輔助免疫系統。
- 調和荷爾蒙系統。
- 刺激新陳代謝，活化自癒能力。
- 可以治癒深層創傷。
- 可以消融恐懼和抑鬱。
- 強化脊椎。
- 對神經系統、心臟與循環系統有正面效應，並且促進從頭到腳的協調與和諧。

監督者能量流

監督者能量流（supervisor flows）同樣調和整個生命體。這兩條能量通道分別沿著身體的左側與右側對稱運行。

監督者能量流的名稱源自於兩條能量流的主要任務：照顧和輔助身體的兩側，同時輔助位於這兩條通道上的所有安全能量鎖。兩條監督者能量流就跟正中能量流一樣，影響力非常深遠而全面。

若用於全身調和，以及不太確定該調和哪個部位時，可以使用下述手法。只要好好施作，無論針對什麼問題，這些手法都有效。

針對身體左側施作：

步驟1：一手放在左側SEL 11（頸椎尾端），另一手放在左側SEL 25（臀部下方的後腿區）。

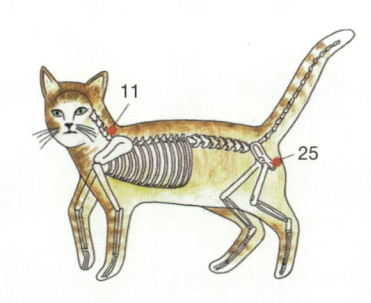 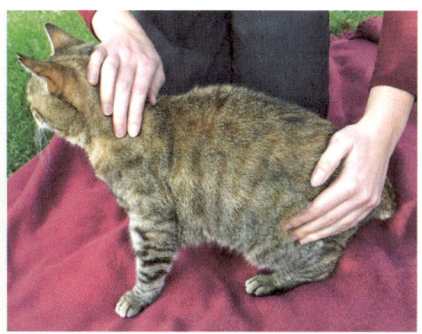

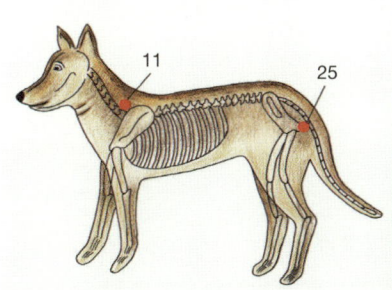 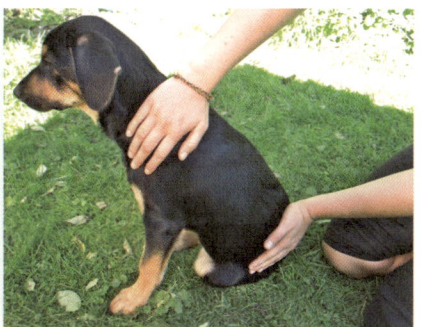

步驟2：一手持續放在左側SEL 11，另一手放在左側SEL 15（腹股溝區）。

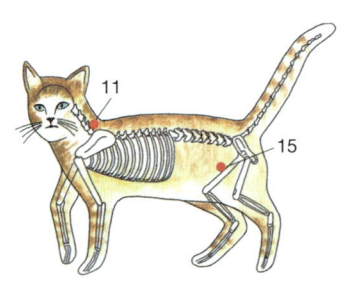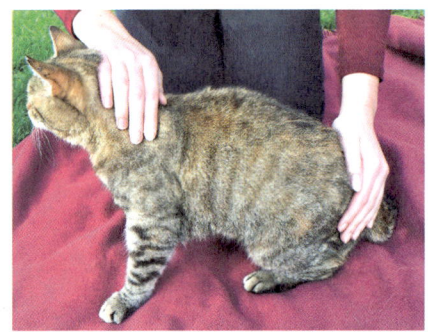

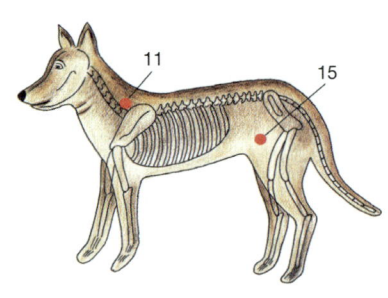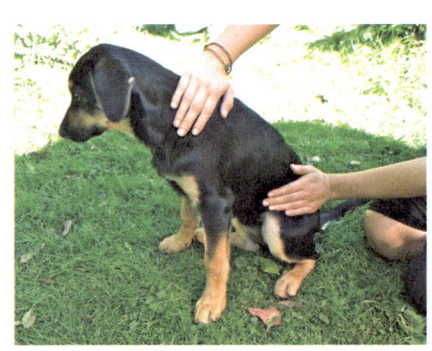

針對身體右側，則左右對調：
步驟1：一手放在右側SEL 11，另一手放在右側SEL 25。
步驟2：一手持續放在右側SEL 11，另一手放在右側SEL 15。

監督者能量流手法適用於：
- 隨時可施作。
- 強化整個能量系統，並調和整個生命體。
- 調和呼吸。
- 促進消化。
- 強化脊椎。
- 促進骨折癒合。
- 幫助減緩壓力。
- 輔助並調和所有安全能量鎖。
- 在所有危急情況下都大有幫助。

6.
其他三大重要能量流

脾臟能量流 35

胃能量流 39

膀胱能量流 48

第一部　介紹仁神療癒術

在仁神術中，還有另外三條重要的能量通道，同樣具有強大而深遠的影響，即以下三大器官能量流：脾臟能量流（the spleen flow）、胃能量流（the stomach flow）、膀胱能量流（the bladder flow）。

當我談到器官能量流的時候，我指的不只是這個器官本身，還包含連結到這個器官的能量質量。也就是說，不僅止是那個器官，更包含相關聯的生理與心理機制。

你可以調理特別需要調理的那一側身體，即症狀出現或症狀比較嚴重的那一側。或是，你可以依次調理身體兩側。即使你只調理單側，也會影響到身體另一側。

脾臟能量流

脾臟又名「歡笑區」,而脾臟能量流則是我們的「個人日光浴床」。對免疫系統而言,脾臟能量流是最重要的能量流,它更新整個身體,供應能量給所有器官。它強化核心,幫助我們信任生命。它也開啓太陽神經叢,滋養所有其他能量流。

脾臟能量流手法適用於:

- 對曾經遭逢大量苦難的毛小孩來說,這是一條重要的能量流。
- 消融深層的恐懼,喚起對生命的深邃信任。
- 治癒創傷。
- 緩解壓力與神經緊張。
- 降低超敏反應。
- 平衡情緒。
- 緩解深度的恐懼。
- 促進深層的信任。
- 強化免疫系統。
- 改善超敏反應與神經緊張。
- 輔助皮膚。
- 改善過敏。
- 輔助血液生成。
- 強化結締組織。
- 對腫瘤患者有輔助效果。
- 協助脾臟。

針對身體左側施作:

步驟1:右手放在左側SEL 5(位於腳踝內側),左手放在尾椎骨(脊椎底部)。

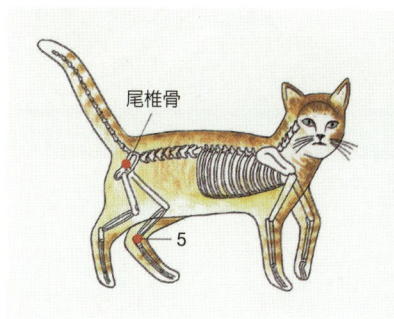 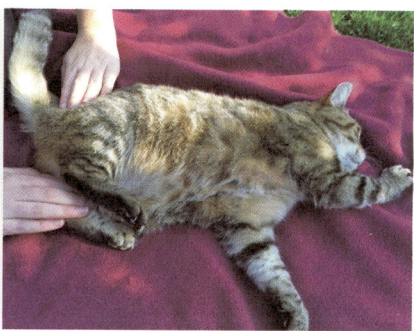

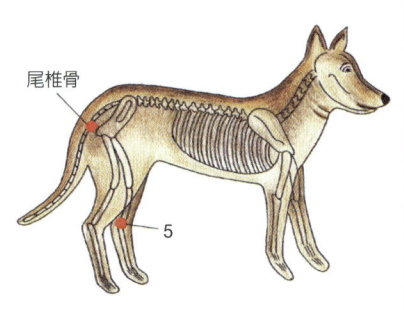
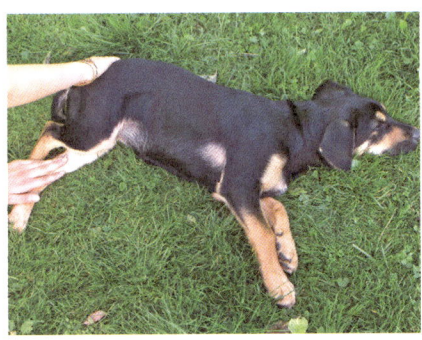

步驟2：左手保持在尾椎骨，右手移至右側**SEL 14**（最後一條肋弓下方）。

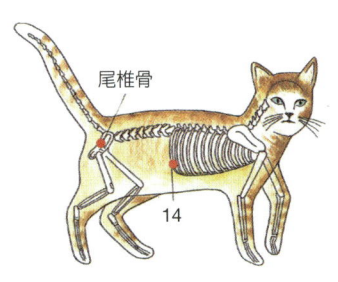
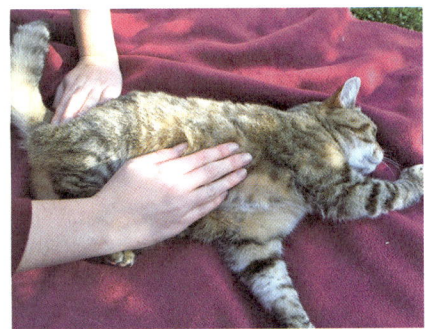

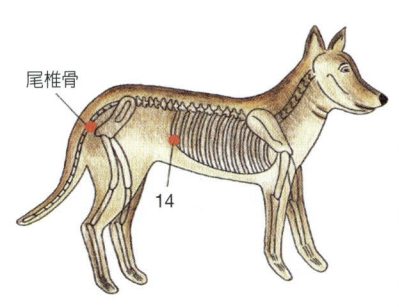

步驟3：右手保持在右側SEL 14，左手移至左側SEL 13（位於胸部左側，第三根肋骨下方）。

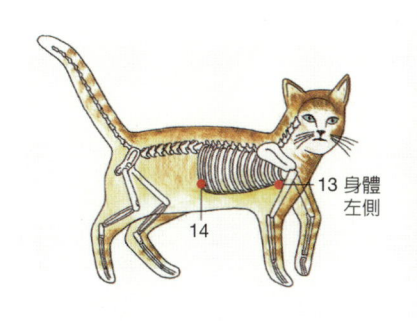

13 身體左側

14

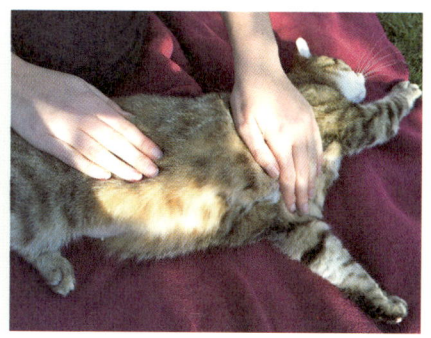

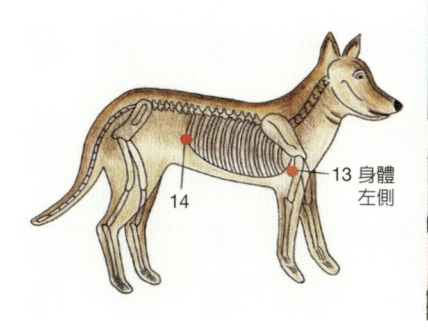

13 身體左側

14

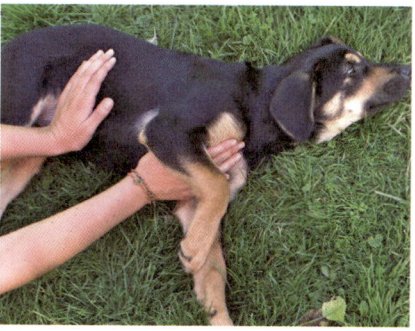

三大重要能量流

第一部　介紹仁神療癒術

步驟4：右手保持在右側SEL 14，同時左手移至右側SEL 22（右側鎖骨下方）。

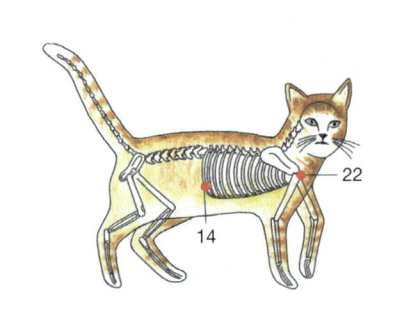

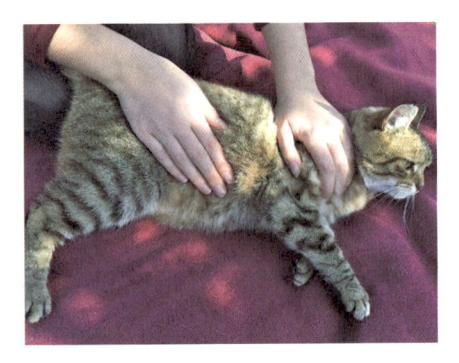

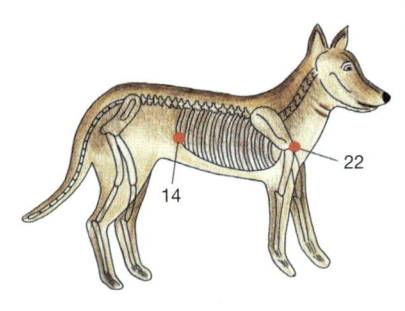

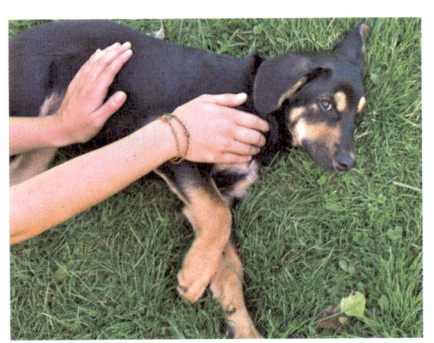

針對身體右側，則左右對調：
步驟1：左手放在右側SEL 5，右手放在尾椎骨（尾巴底部）。
步驟2：右手保持在尾椎骨，左手移至左側SEL 14。
步驟3：左手保持在左側SEL 14，同時右手移至右側SEL 13。
步驟4：左手保持在左側SEL 14，同時右手移至左側SEL 22。

脾臟能量流快速調理法：
見脾臟能量流的步驟1（第35頁）。

胃能量流

胃能量流沿著身體下側運行，從頭部延伸至後腳掌。它保持身體中心暢通，讓能量可以順暢地沿著身體而下，再沿著身體上行。胃能量流可從頭到腳清理並調和。不要因為這條能量流很長就令你卻步！

胃能量流可幫助：

- 改善消化問題。
- 緩解腹痛與絞痛。
- 調和腹瀉（左側胃能量流）與便祕（右側胃能量流）。
- 緩解腹脹。
- 平衡體重與食慾。
- 改善皮膚與皮毛相關問題。
- 改善過敏。
- 對頭部區（下顎、嘴唇、牙齒、牙齦、鼻子、鼻竇、耳朵）來說很重要。
- 減少過多的唾液流量。
- 改善擔憂與恐懼。
- 對強求極度關注的毛小孩有輔助作用。
- 幫助改善神經緊張與抽搐痙攣。
- 促進荷爾蒙平衡。
- 調節肌肉張力。
- 對糖尿病有調和效用。
- 輔助腎臟。
- 幫助消化一切──無論是生理或情緒層面。

第一部　介紹仁神療癒術

針對身體左側施作：

步驟1：左手放在左側SEL 21（顴骨下緣、鼻子上方）。或是，如果你的毛小孩不喜歡被觸碰臉部，那麼可以改按左側SEL 12（頸部側面，頸椎中段）。在整個胃能量流進行期間，這隻手都保持在這個位置。右手移至左側SEL 22（左側鎖骨下方）。如圖，調理部位是SEL 12。

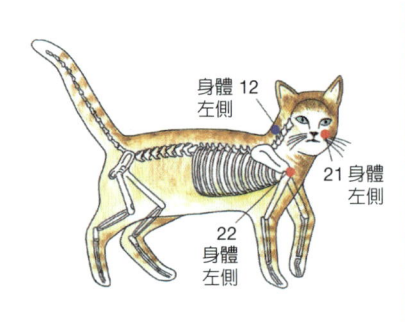

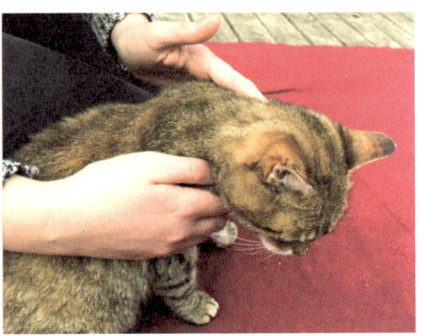

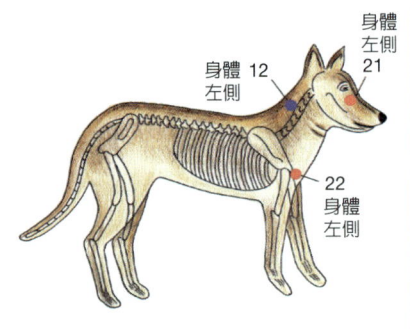

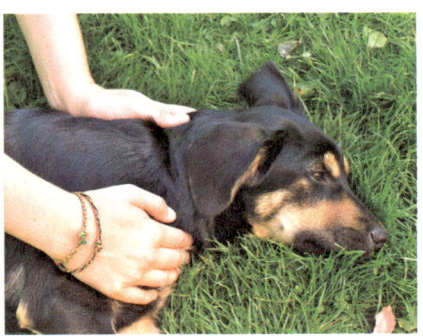

步驟2：右手移至右側SEL 14（側面，右側最後一根肋弓骨下方）。

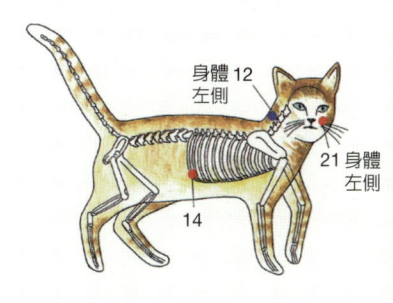

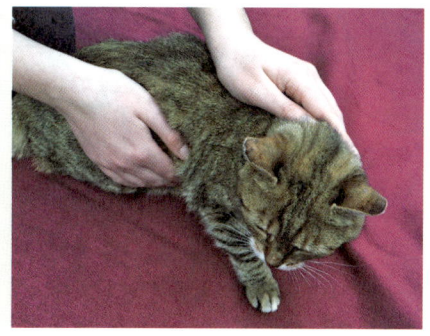

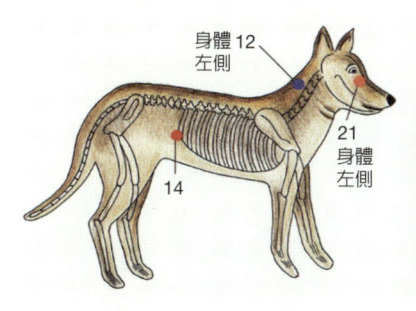

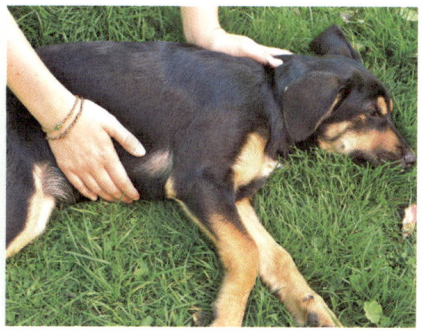

第一部　介紹仁神療癒術

步驟3：現在，右手移動到右側SEL 23（在最後一根肋弓骨與脊椎之間）。

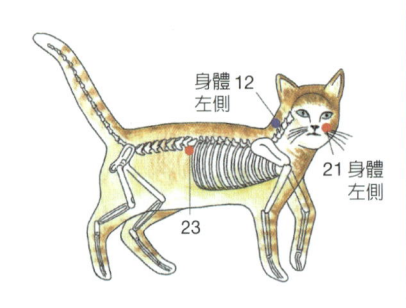

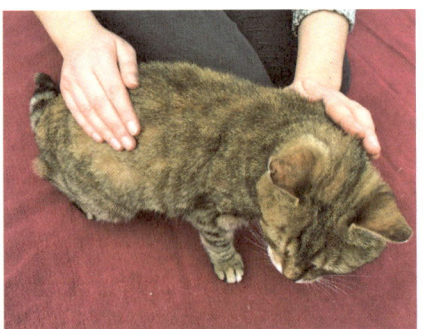

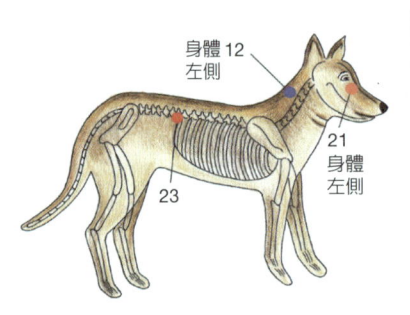

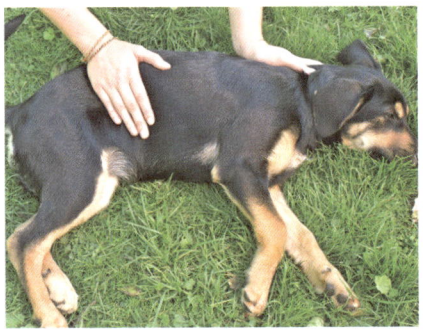

步驟4：右手放在左側 SEL 14（側面，最後一根肋弓骨下方）。

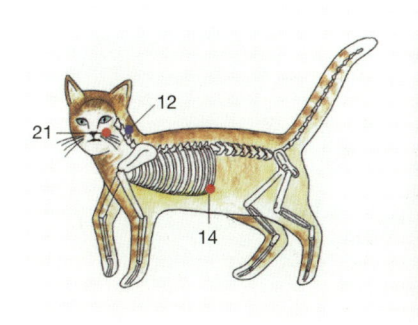

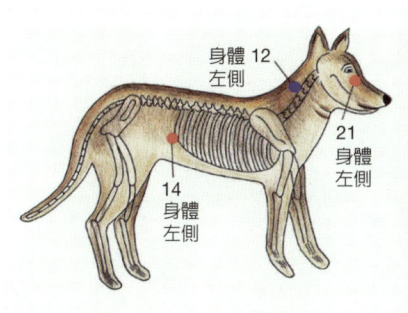

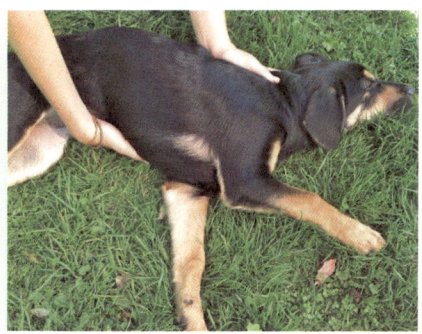

第一部　介紹仁神療癒術

步驟5：右手放在右側高SEL 1（後腿內側稍微高於膝關節的位置）。

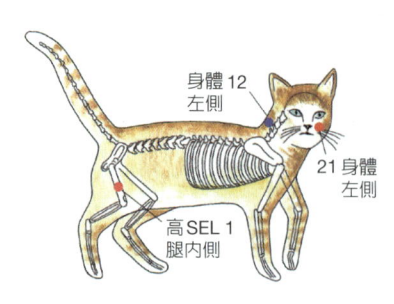

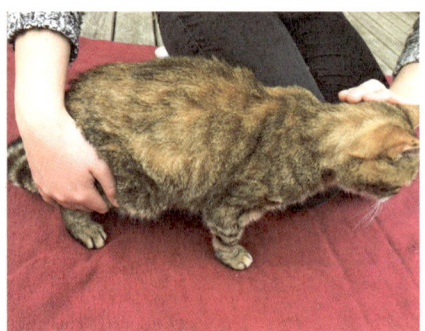

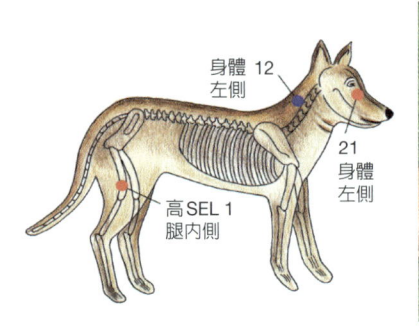

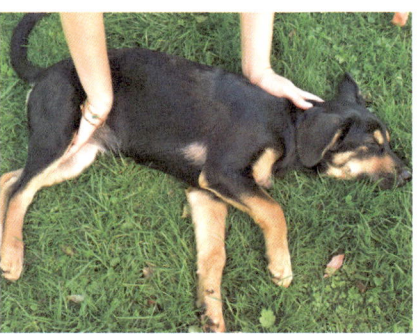

身體 12
左側

21 身體
左側

高 SEL 1
腿內側

身體 12
左側

21 身體
左側

高 SEL 1
腿內側

步驟6：右手放在右側低SEL 8（後腿外側稍微低於膝關節的位置）。

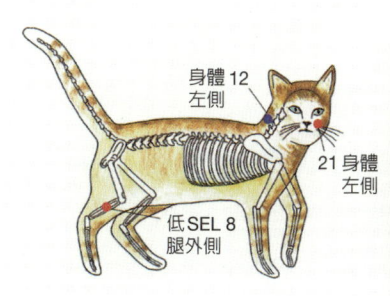

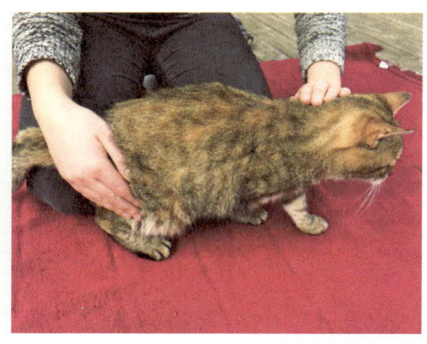

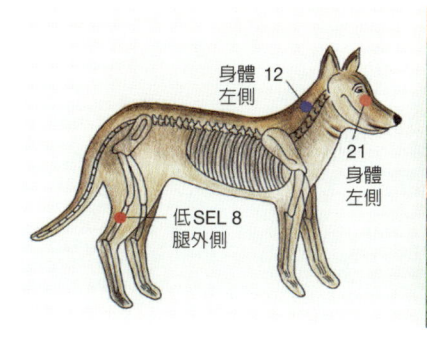

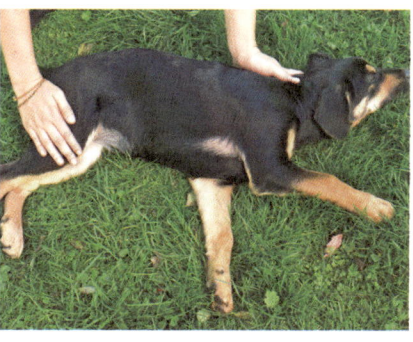

第一部　介紹仁神療癒術

步驟7：現在，用右手握住右後腳掌。

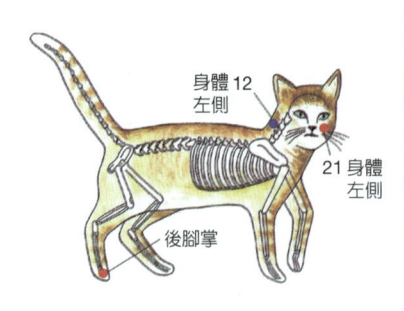

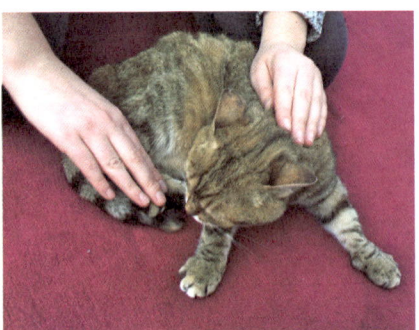

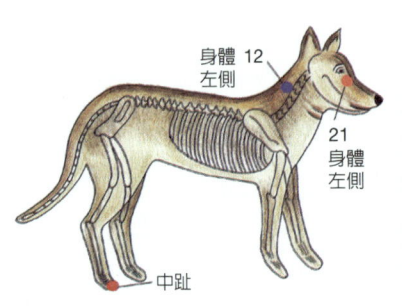

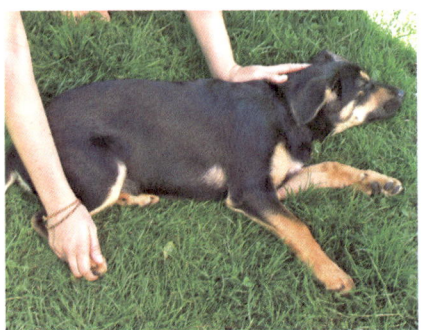

身體12左側
21身體左側
後腳掌

身體12左側
21身體左側
中趾

針對身體右側，則左右對調：
步驟1：右手放在右側 SEL 21，或右側 SEL 12，而且整個療程期間都保持在這個位置。左手移至右側 SEL 22。
步驟2：左手移至左側 SEL 14。
步驟3：現在，左手移至左側 SEL 23。
步驟4：左手放在右側 SEL 14。
步驟5：左手放在左側高 SEL 1。
步驟6：左手放在左側低 SEL 8。
步驟7：用左手握住左後腳掌。

胃能量流快速調理法：
一手放在 SEL 22，另一手放在 SEL 14。

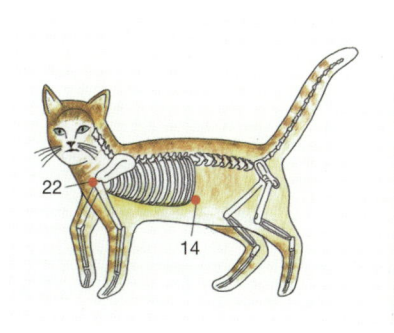

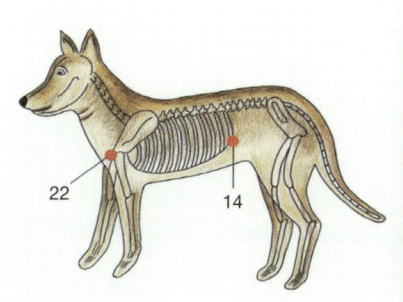

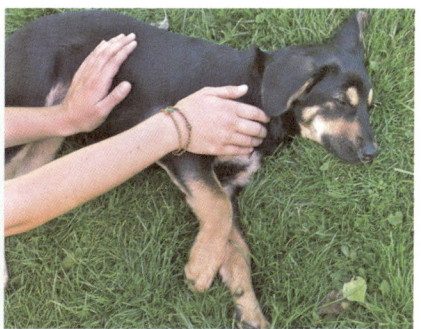

膀胱能量流

膀胱能量流是非常簡單的能量流。所有手法都在身體同一側施作，而且很容易觸及。

膀胱能量流：
- 具有平衡與調和的效果。
- 對來自動物收容所的毛小孩非常有幫助。
- 帶來深度的內在保障與寧靜。
- 帶來平靜與平衡。
- 調和妒忌與羨慕。
- 輔助膀胱，因此可用於所有膀胱問題。
- 幫助背部。
- 調和肌肉（痠痛、虛弱、緊張的肌肉，以及增強肌肉時）。
- 輔助虛弱的心臟肌肉。
- 改善水腫。
- 降低身體的疼痛。
- 幫助膝蓋和小腿肚。
- 輔助排毒和排泄。
- 調和腹瀉和便祕。
- 改善風濕性疾病。
- 在閹割前後有幫助。
- 調和恐懼並增強信任感。

針對身體左側施作：

步驟1：左手放在左側SEL 12（位於頸部中段、脊椎旁邊）。左手在整個療程期間都保持在這個位置。右手放在尾椎骨（脊椎末端）。

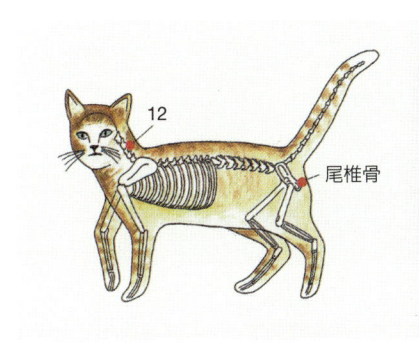

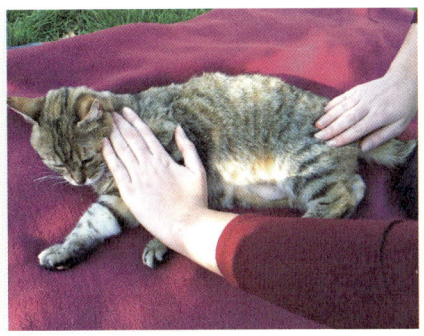

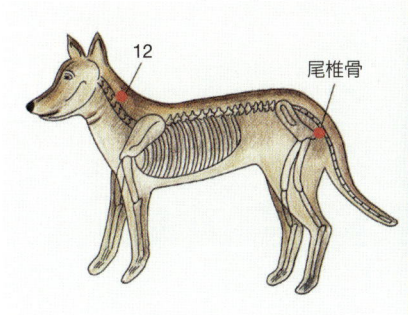

三大重要能量流

第一部　介紹仁神療癒術

步驟2：右手放在左側SEL 8（後腿外側膝關節的位置）。

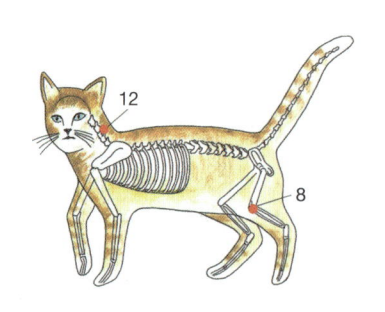

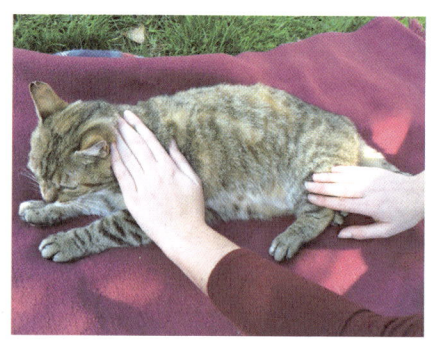

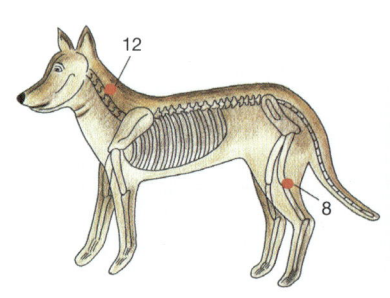

步驟3：右手放在左側SEL16（位於腳踝外側）。

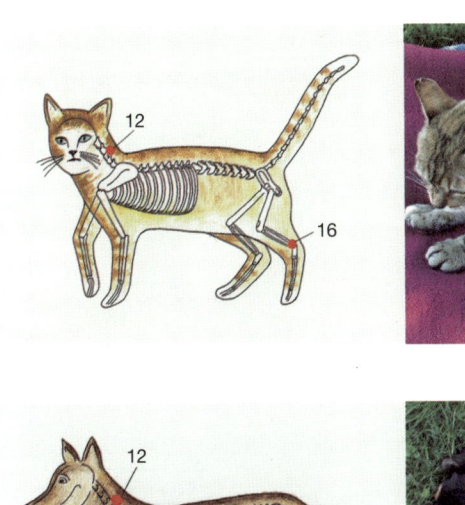

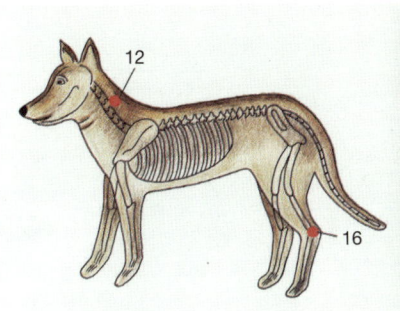

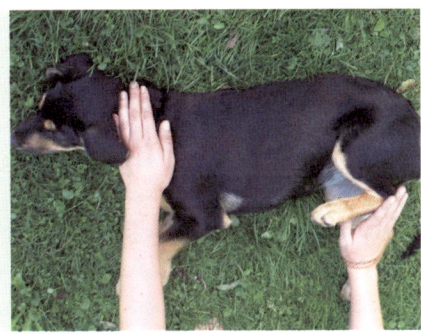

三大重要能量流

第一部　介紹仁神療癒術

步驟4：用右手握住左後腳掌（貓咪）或小趾（狗狗）。

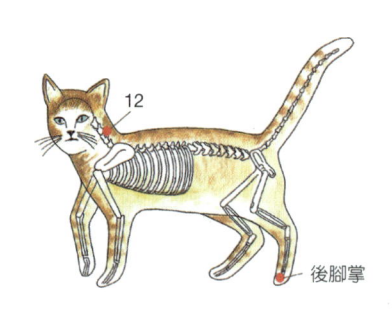

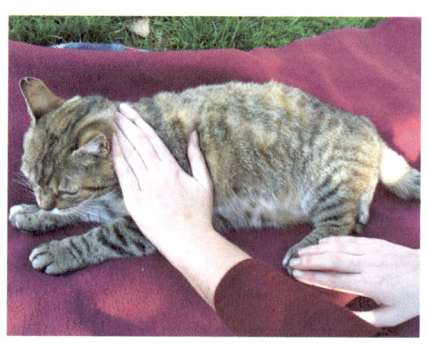

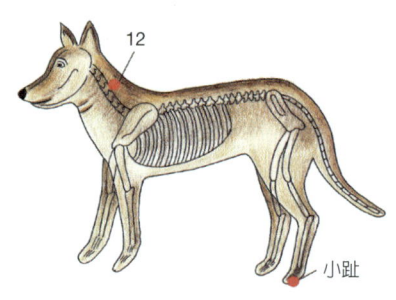

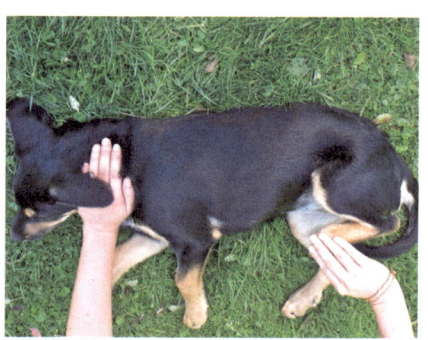

針對身體右側，則左右對調：

步驟1：右手放在右側SEL 12，整個療程期間都保持在這個位置上。左手放在尾椎骨。

步驟2：左手放在右側SEL 8。

步驟3：左手放在右側SEL 16。

步驟4：用左手握住右後腳掌（貓咪）或小趾（狗狗）。

膀胱能量流快速調理法：
一手放在 SEL 12，另一手放在 SEL 23。

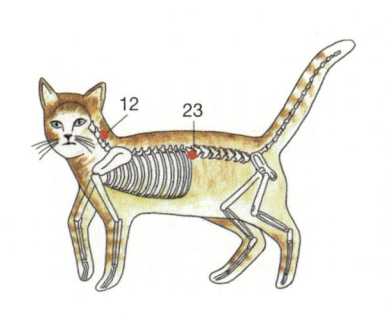

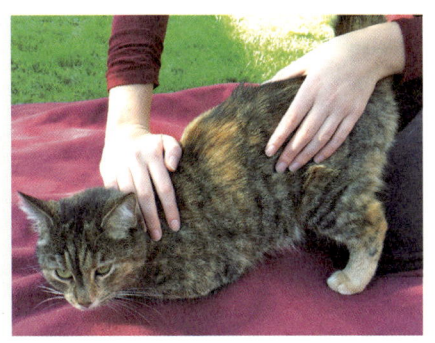

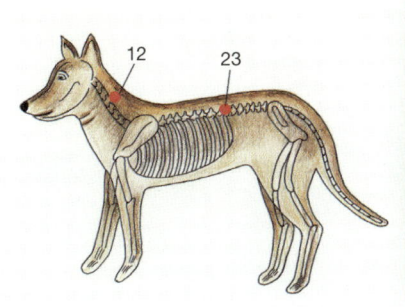

三大重要能量流

或是，一手放在 SEL 23，另一手放在 SEL 25。

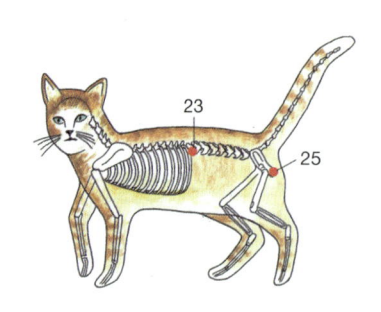

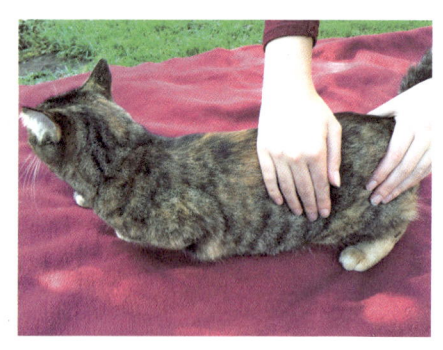

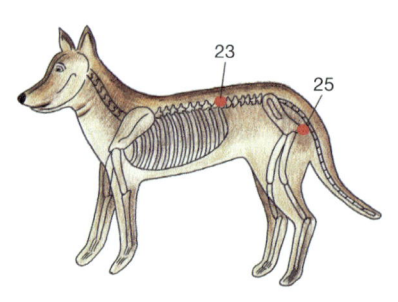

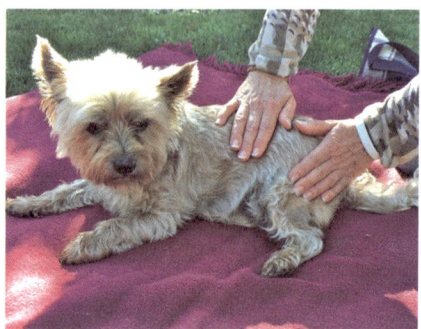

第二部

適合貓咪的仁神觸療法

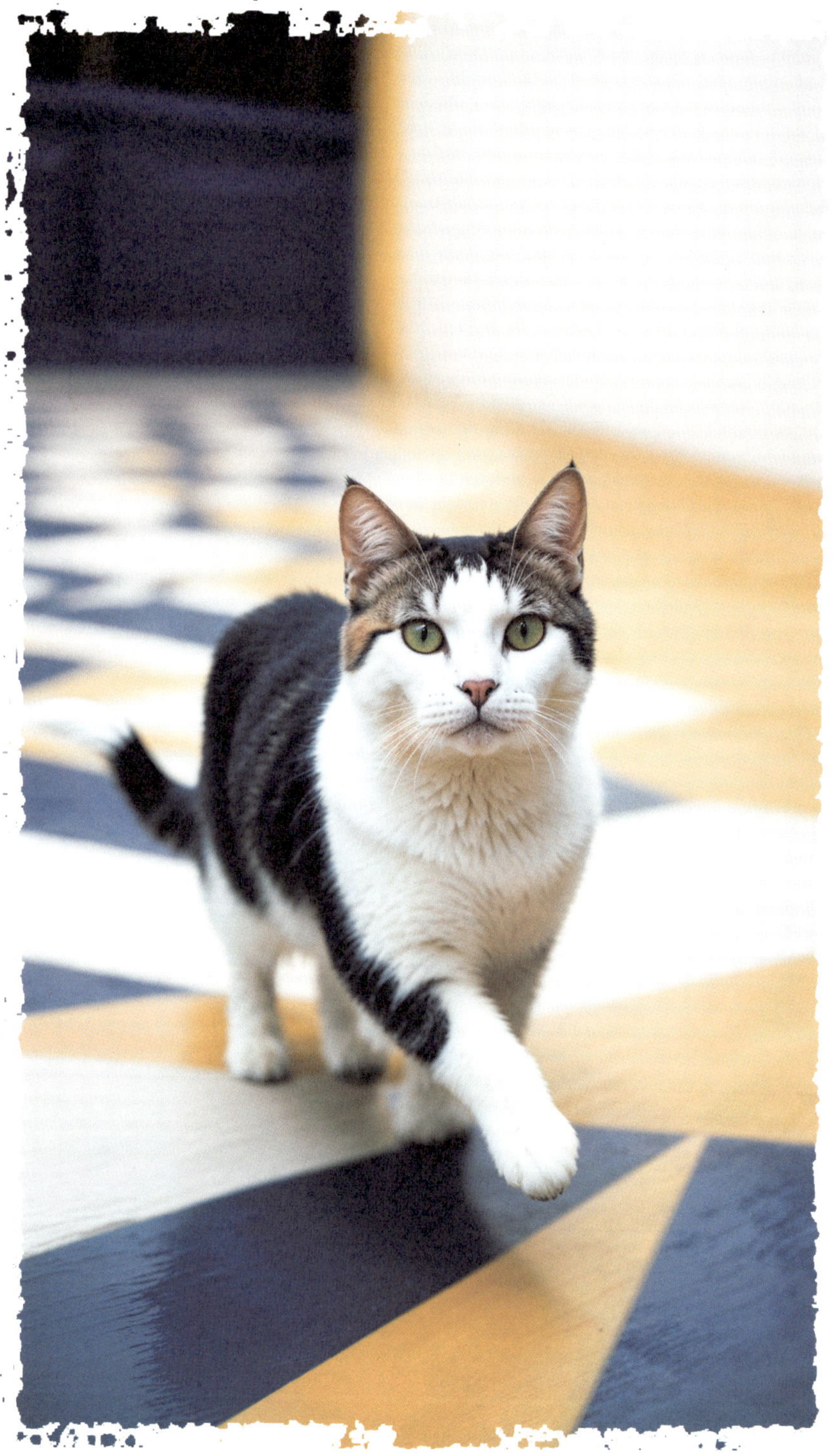

1. 頭部

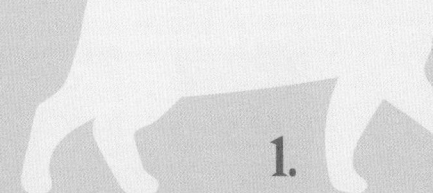

眼睛

眼睛感染（結膜炎）	58
眼內異物	59
淚管堵塞	60
改善視力	60

耳朵

聽力	60
耳部感染	61
耳蟎	63
耳部潰瘍	63
耳血腫	63

口腔與牙齒

牙齦問題	64
口腔黏膜發炎（口腔炎）	64
口臭（口腔異味）	65
腫瘤與增生	65

腦

癲癇	66
心臟病發與腦出血	67

眼睛

以下手法適用於所有眼部問題（發炎、針眼、視覺障礙等等），而且可以從根本上強化眼睛：

一手放在額頭上，稍微高於眼睛患部（**SEL 20**），另一手放在身體另一側頭骨下方頸部的位置（**SEL 4**）。

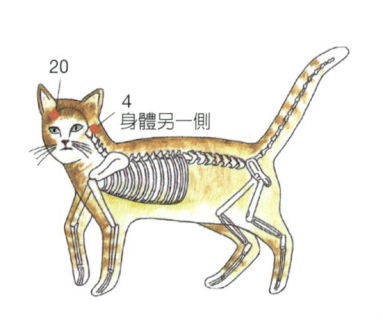

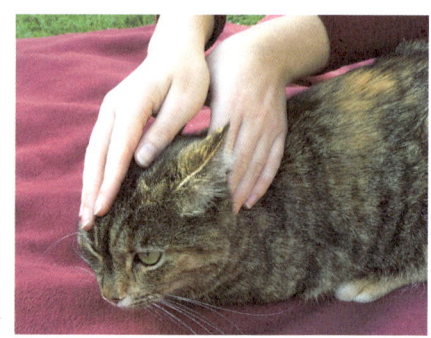

眼睛感染（結膜炎）

眼瞼結膜（眼睛的結締組織）保護眼睛，它非常嬌嫩，健康時是看不見的。這層黏膜可能因灰塵和草類花粉、強風或細菌感染而受損，從而引發炎症。異物也可能是引發結膜炎的原因，特別是如果只有一隻眼睛被感染。此外，結膜炎也可能與病毒或細菌引起的呼吸道感染有關。

調理法：一手放在後頸（兩側 **SEL 4** 上），另一手放在胸骨（兩側 **SEL 13** 之間）。或是，施作通用眼部能量流（見本頁上方的手法）。

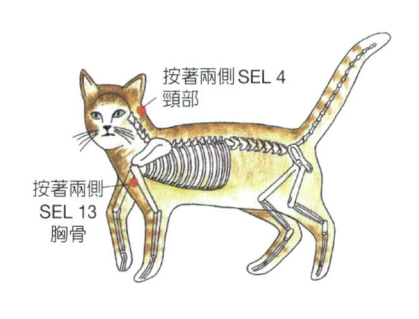

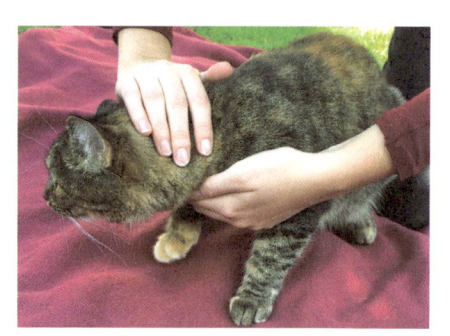

或是，一手放在眼睛患部那一側的 **SEL 4**，另一手放在身體另一側的 **SEL 22**（鎖骨下方）。

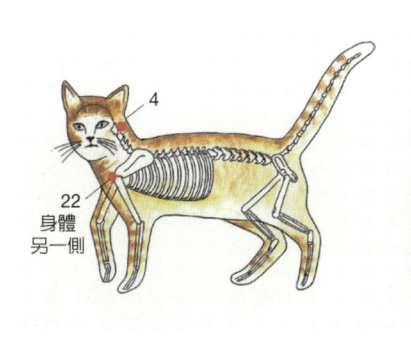

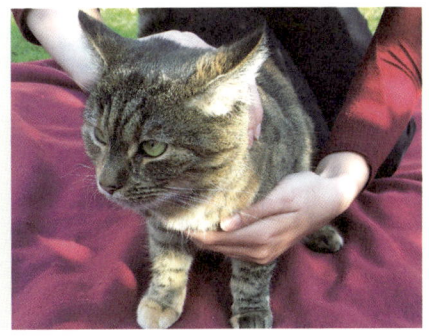

眼內異物

左手輕輕放在眼睛患部上或稍微蓋住患部，右手放在左手上。

或是，雙手分別按住兩側的 **SEL 1**（後腿膝蓋內側）。

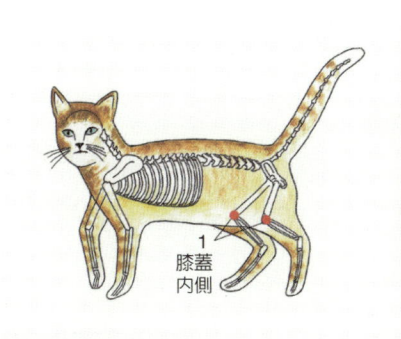

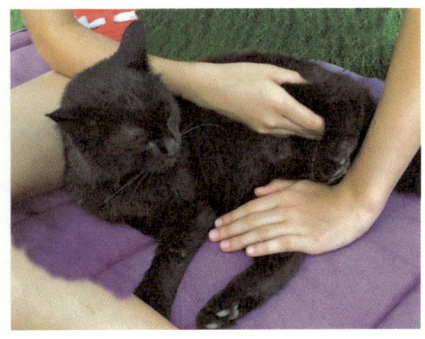

貓

淚管堵塞

　　單側或雙側眼睛長時間流淚，倘若眼睛外部沒有明顯的變化，可能是由於淚管堵塞。

　　若要重新開通淚管，請一手放在後頸的兩側 **SEL 12** 之間，另一手放在尾椎骨。

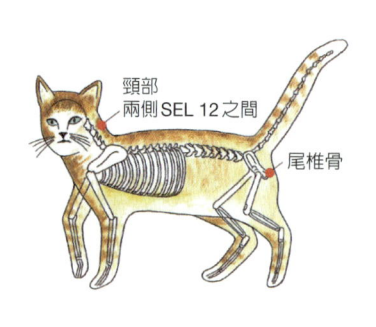

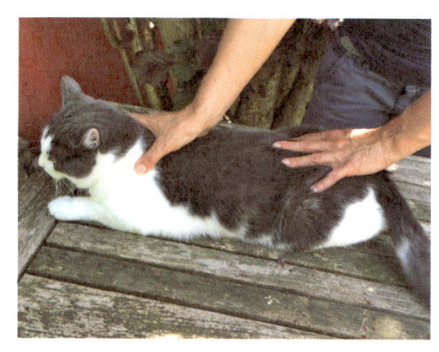

頸部
兩側SEL 12之間

尾椎骨

改善視力

　　見「所有眼部問題」相關資訊（第58頁）。

耳朵

聽力

　　假使貓咪聽力受損，就一手放在頸部（兩側 **SEL 12** 上），另一手放在尾椎骨（見第49頁）。

　　或是，雙手分別按住兩側的 **SEL 5**（後腳掌內側腳踝區）。

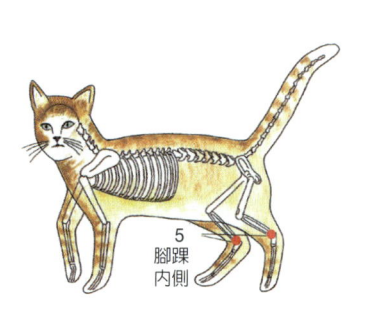

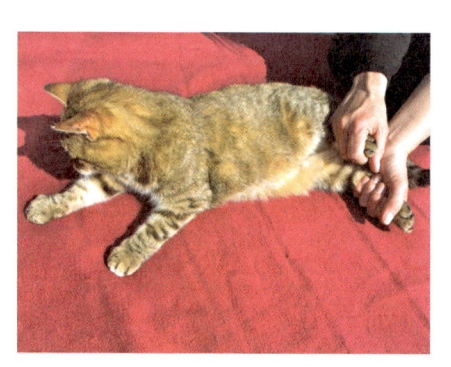

5
腳踝
內側

耳部感染

耳部感染時，你可以握住貓咪兩側後腳掌的內側和外側骨頭（兩側的 SEL 5 和 SEL 16），藉此緩解疼痛。

另一個調理法是，你可以先握住貓咪身體的一側，然後再握住另一側，也可以同時兩手分別握住兩側，即一手握住貓咪左側的 SEL 5 和 SEL 16，另一手握住右側的 SEL 5 和 SEL 16。

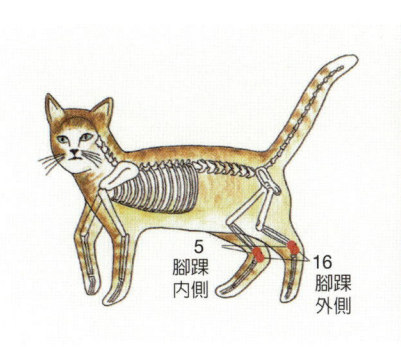

一手放在 SEL 13，另一手放在耳朵患部同一側的 SEL 25。

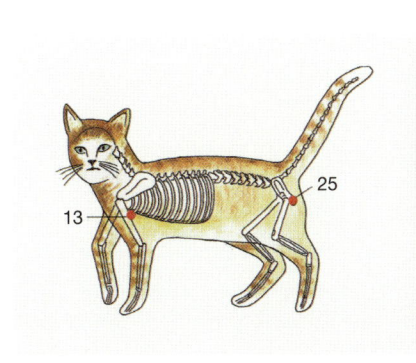

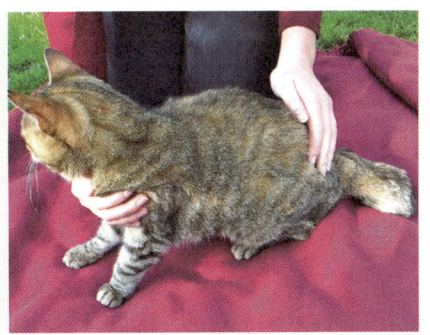

貓

或是，一手放在 SEL 13，另一手放在 SEL 11。

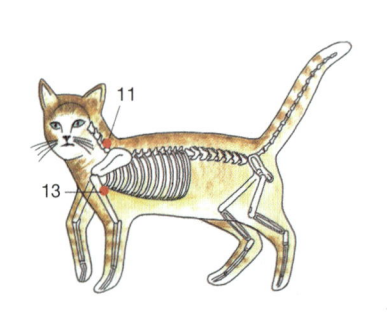

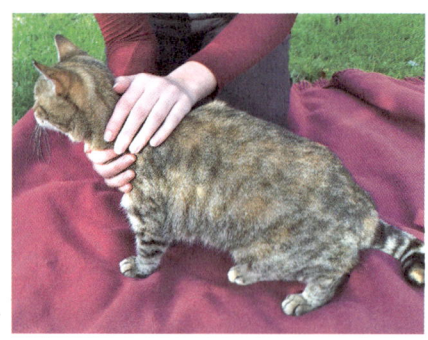

左手放在耳朵患部上或稍微蓋住患部，然後右手疊放在左手上。

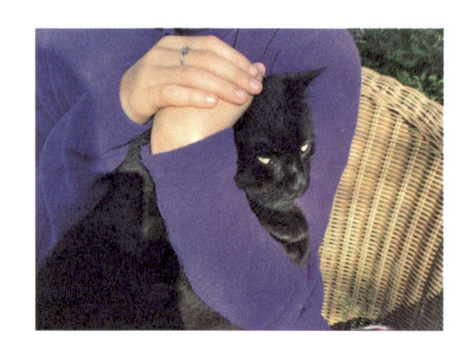

耳蟎

如果貓咪反覆感染耳蟎，不妨施作「寄生蟲手法」：
按著兩側的 **SEL 19**（肘彎處）。或是，一手放在耳朵患部同一側的 **SEL 19**，另一手放在身體另一側的 **SEL 1**。

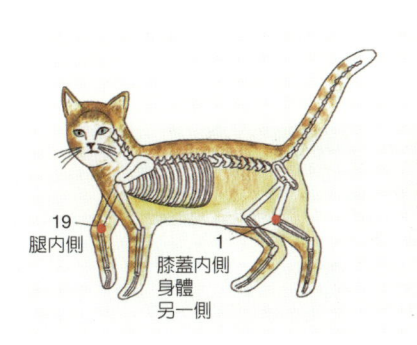

19
腿內側

1
膝蓋內側
身體
另一側

耳部潰瘍

耳部潰瘍通常由真菌引起，但也可能是由於耳道發炎或抓傷造成。不妨使用「脾臟能量流」定期調理（見第35頁）。脾臟能量流很適合調理皮膚，它適用於所有真菌感染，並且能夠強化免疫系統。

耳血腫

耳血腫是皮膚與耳軟骨之間的瘀血，由耳部邊緣受傷所引起，例如打鬥所致。被感染的耳廓會變暖並出現腫脹。通常這對毛小孩來說不會太痛，但你還是應該確保瘀血儘快消退。

你可以將右手放在愛貓被感染的部位，然後左手疊放在右手上，藉此調理。

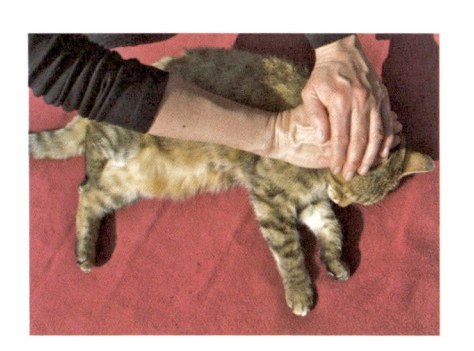

頭部

63

貓

口腔與牙齒

所有與口腔和牙齒相關的問題，都可以使用「胃能量流」（見第39頁）或「胃能量流快速調理法」（見第47頁）。

牙齦問題

如果貓咪牙齦發炎，或想要強化牙齦，你可以一手同時按住 SEL 5 和 SEL 16，另一手放在小腿肚。

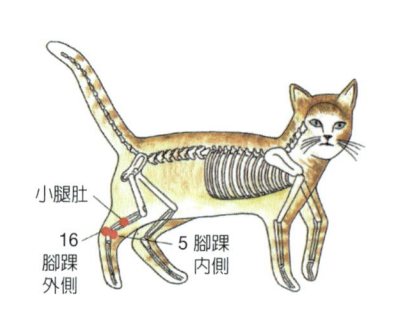

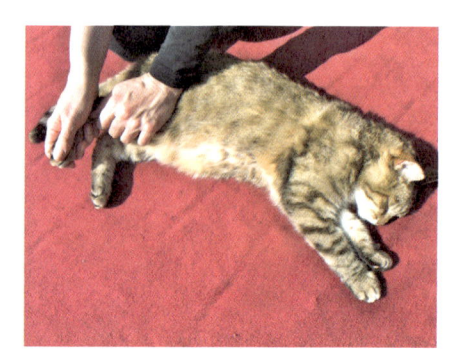

或是施作「胃能量流」的手法。

口腔黏膜發炎（口腔炎）

貓咪的牙齦發炎與口腔黏膜發炎經常同時發生，或是牙齦發炎擴散，導致口腔發炎。

常見誘因是異物（魚骨、骨頭碎片等等）、舔食刺激性物質（例如辛香料）、吃了被黴菌感染的草。請使用「牙齦問題」描述的手法（見本頁）以及「脾臟能量流」（見第35頁）。

口臭（口腔異味）

貓咪口腔發出的異味可能由於若干原因所引起，例如飲食、胃部或牙齒問題，牙齦發炎，口腔炎或代謝失調。此時，「胃能量流」很適合（見第39頁），它可調節消化，改善與口腔和牙齒相關的一切問題。

若要調和新陳代謝，可按 **SEL 25**，搭配 **SEL 11**。

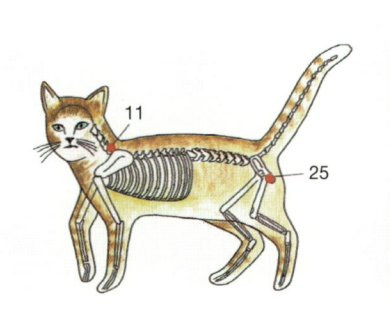

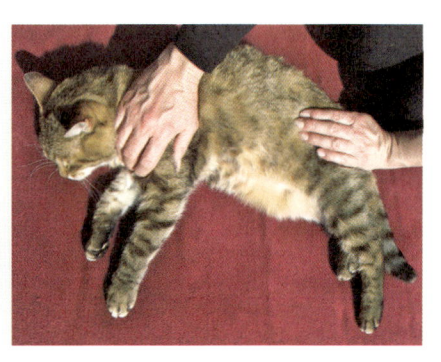

假使症狀沒有改善，務必請獸醫檢查根本原因。

腫瘤與增生

有些貓咪天生容易在牙齦邊緣或嘴唇上有潰瘍。要強化「胃能量流」（見第39頁），因為它是調和整個口腔區的主要能量流。「脾臟能量流」（見第35頁）可調理所有不正常的組織增生，尤其是潰瘍、增生物、囊腫等等。

調理法：按著 **SEL 24**，搭配 **SEL 26**。

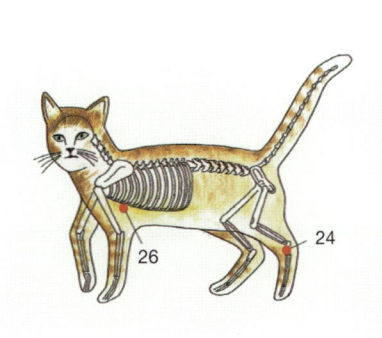

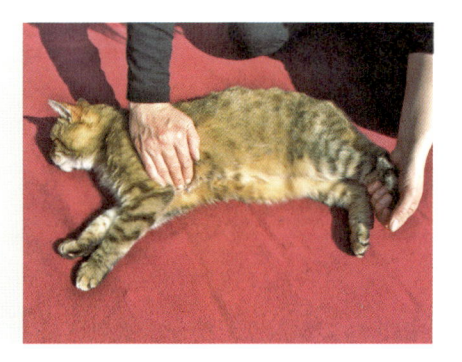

貓

腦

癲癇

　　癲癇是一種起源於腦部的發作性疾病。發作時表現為抽搐、肌肉痙攣或持續的肌肉緊張，通常伴隨意識喪失、行為和性格改變、大小便失禁。癲癇個案可能差異性極大，視發作的嚴重程度而定。癲癇可以是先天性的（不過動物通常兩歲以後才會發病），也可能是由其他疾病所引發。

　　除了接受獸醫治療外，你當然也可以經常握住愛貓的後腳掌，這可大大輔助你的貓寶貝。

一手放在後頸，另一手放在額頭上。

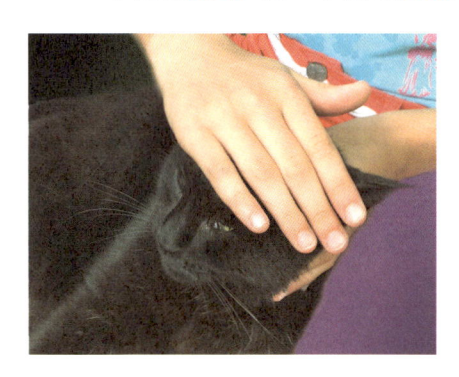

按著 SEL 12，搭配 SEL 14。

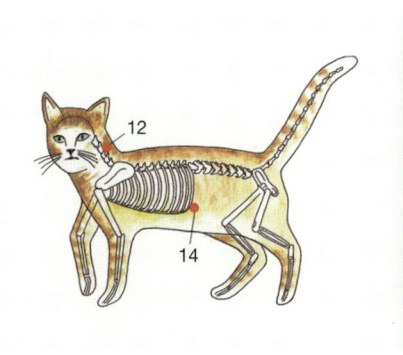

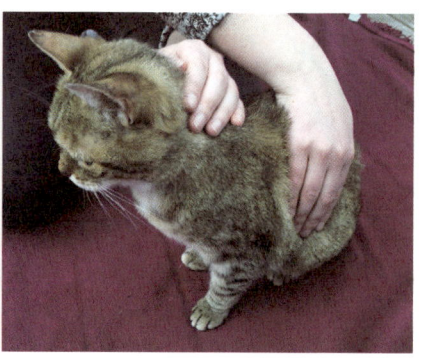

心臟病發與腦出血

　　在貓咪身上，這些情況極其罕見，即使發生，通常也在老年時。可每天使用「腳掌能量流」（見第22頁）。

頭部

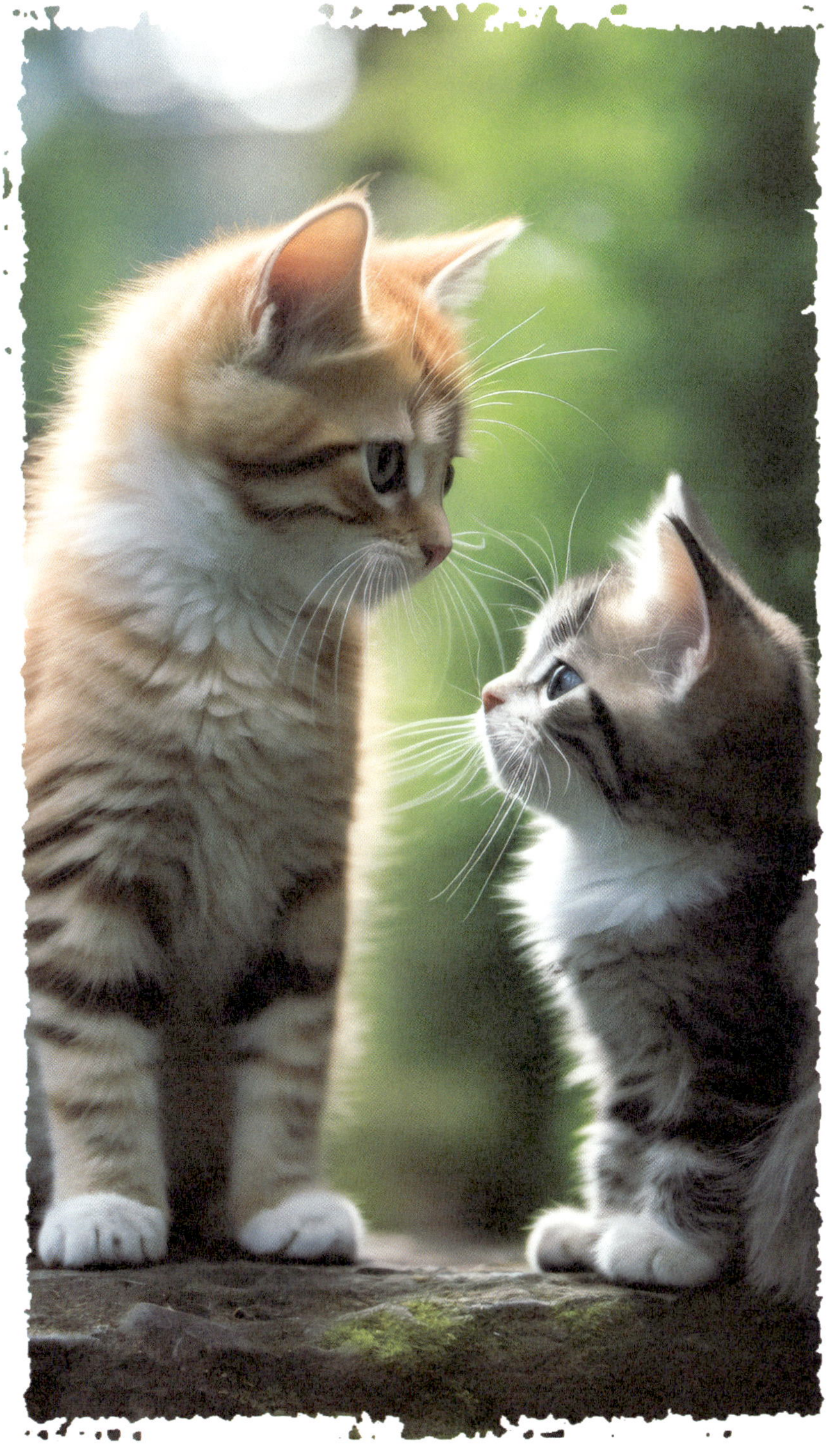

2. 呼吸系統

上呼吸道
    感冒 70
    鼻竇感染（鼻竇炎）... 70
    貓流感 71

咽喉
    咽喉感染（咽喉炎）... 72
    喉炎性卡他 73

下呼吸道
    咳嗽與支氣管感冒（支氣管炎）.......................... 73
    乾咳 74
    肺部感染（肺炎）... 74

貓

上呼吸道

感冒

一手放在 SEL 3，另一手放在 SEL 11。

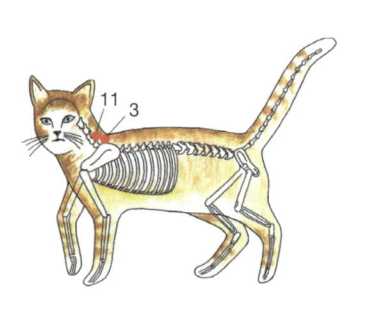

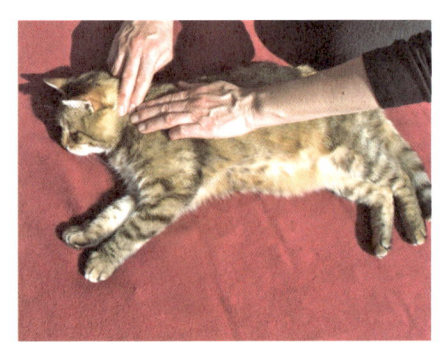

或是，同時按著兩側的 SEL 21。

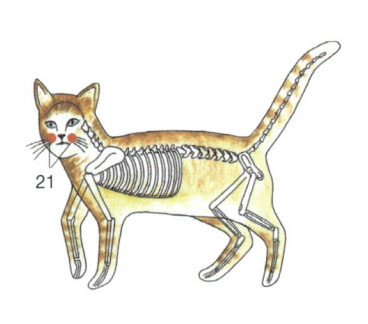

鼻竇感染（鼻竇炎）

按著 SEL 21 和 SEL 22。

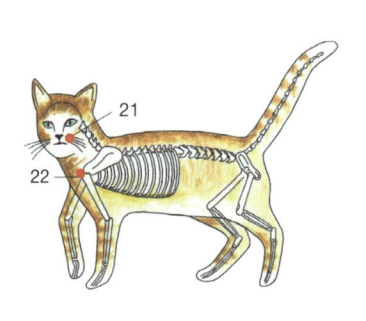

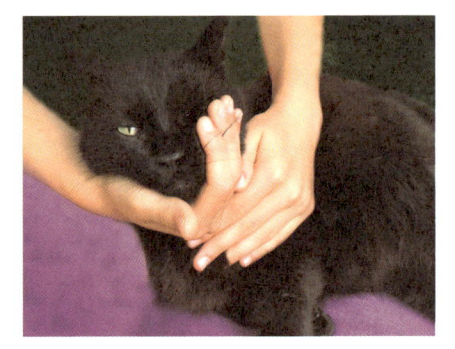

或是，一手放在 SEL 11，另一手握住身體另一側的前腳掌。

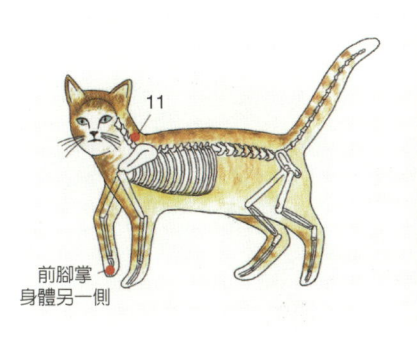

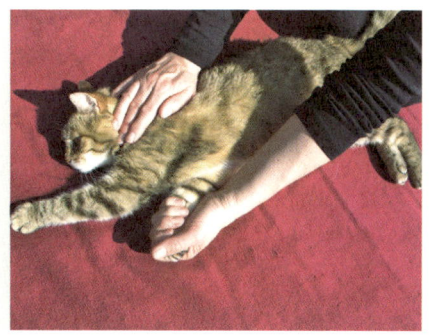

前腳掌
身體另一側

貓流感

貓流感是總稱，指的是貓咪的傳染性呼吸道疾病。這是一種傳染病，主要會引起呼吸道和眼部發炎。根本原因可能是病毒、細菌或寄生蟲。全世界的貓咪都可能發生這種疾病，經常與其他貓咪接觸的小貓最容易被感染（例如動物收容所裡的貓咪）。對小貓以及免疫系統較弱的貓咪來說，貓流感尤其危險，可能變成慢性病或造成永久性損傷。

強化貓咪的免疫系統很重要。針對這點，主要的能量流是「脾臟能量流」（見第35頁）。

另一個調理法是，盡可能經常按著 SEL 3，最好搭配 SEL 15（見第89頁）。

此外，也可以按著 SEL 19，搭配高 SEL 19（約在 SEL 19 上方一腳掌寬的距離）。方法是：一手放在 SEL 19，另一手放在高 SEL 19，先按身體一側，再按身體另一側。或是，同時按著兩側的 SEL 19 和高 SEL 19。

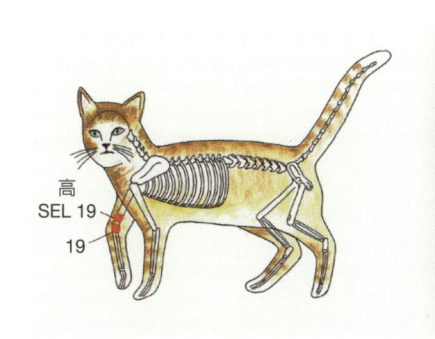

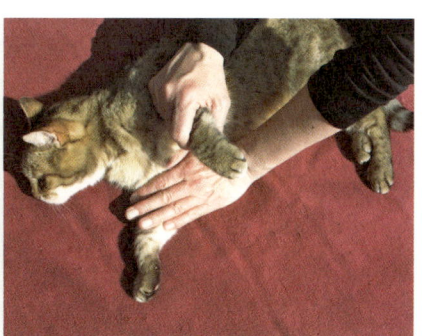

高 SEL 19
19

呼吸系統

71

貓

咽喉

咽喉感染（咽喉炎）

一手放在 SEL 11 和 SEL 3，另一手握住身體另一側的前腳掌。

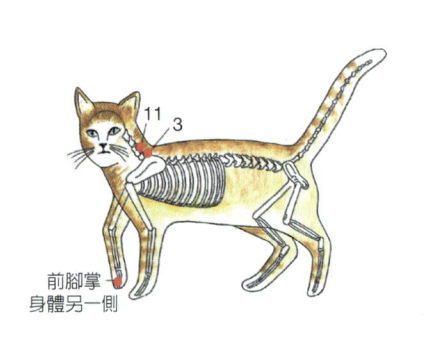

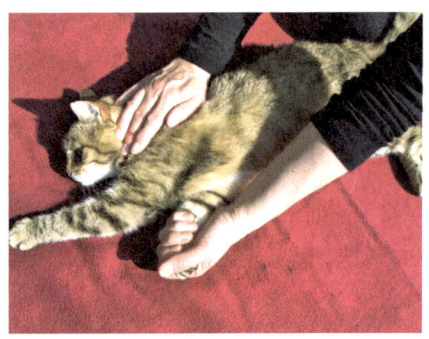

前腳掌
身體另一側

或是，一手放在 SEL 11 和 SEL 3，另一手放在身體另一側的 SEL 13。

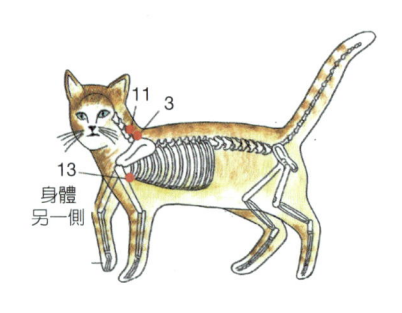

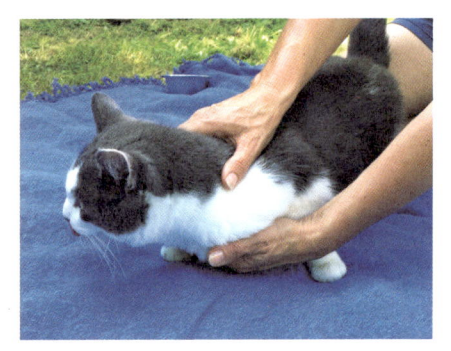

身體
另一側

喉炎性卡他

見「咽喉感染（咽喉炎）」（第72頁）。

或是，一手放在 SEL 10，另一手放在 SEL 19。

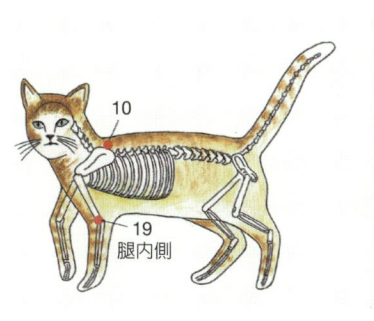

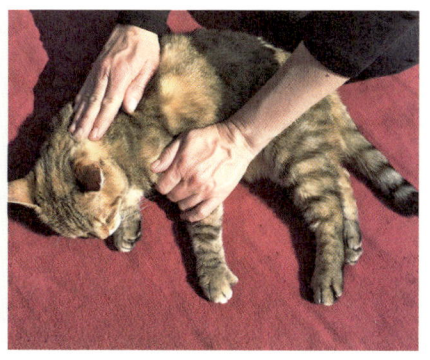

下呼吸道

咳嗽與支氣管感冒（支氣管炎）

一手放在 SEL 10，另一手放在 SEL 19（見上圖）。

或是，調理 SEL 14，搭配 SEL 22。

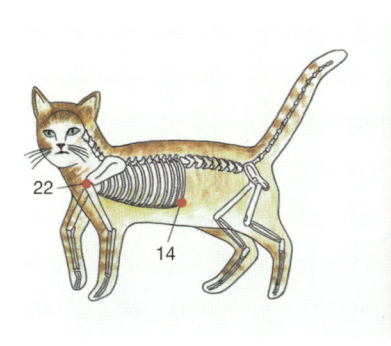

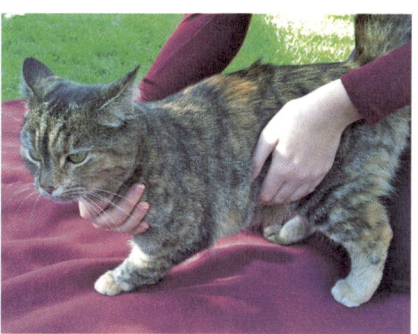

「初始中心調整法」（見第20頁）也有助於緩解貓寶貝的咳嗽與支氣管感冒。

貓

乾咳

若要特別緩解乾咳，可雙手分別放在貓咪兩個前腿內側（**SEL 19** 斜上方的位置）。

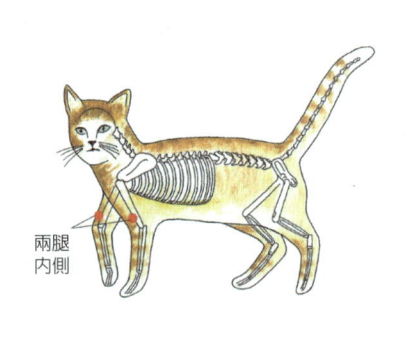

兩腿內側

肺部感染（肺炎）

若要強化肺部，可按著 **SEL 14** 和 **SEL 22**（見第73頁）。

或是，調理 **SEL 3**（俗稱「抗生素點」），搭配 **SEL 15**（見第89頁）。

3. 心血管系統

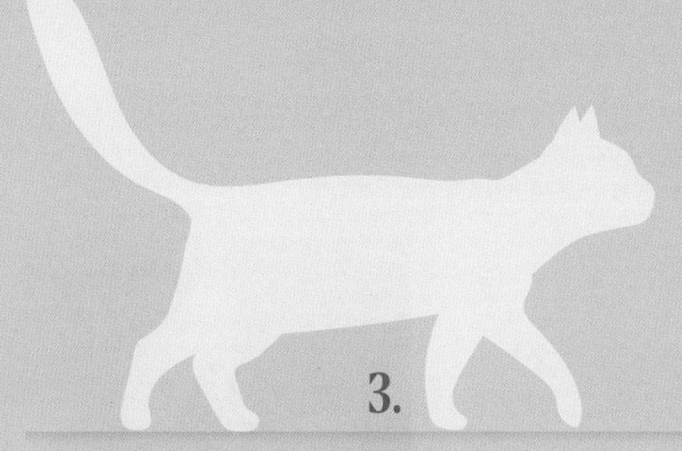

心臟病與心臟衰竭 76

循環問題 77

貓

心臟病與心臟衰竭

幸運的是，心血管系統疾病很少出現在貓咪身上。如果你的貓咪罹患心臟病，除了找獸醫治療外，你也可以提供幫助。

調理法：按著左側 SEL 15 和左側 SEL 17。

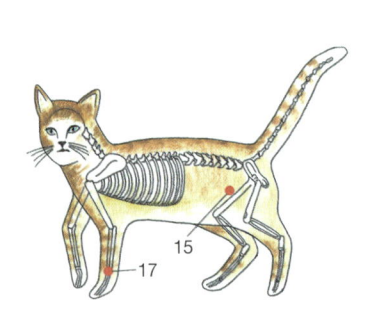

或是，按著左側 SEL 11 和左側 SEL 17（前腳掌關節）

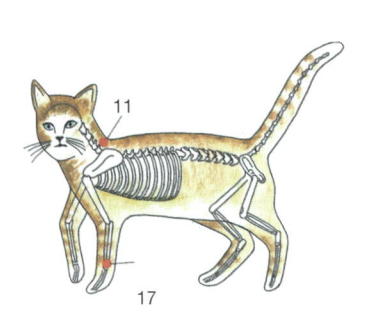

循環問題

若要強化循環,例如在過度用力、虛脫或嚴重腹瀉之後,可按著雙側 SEL 17。

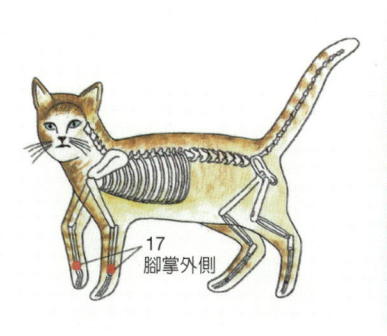

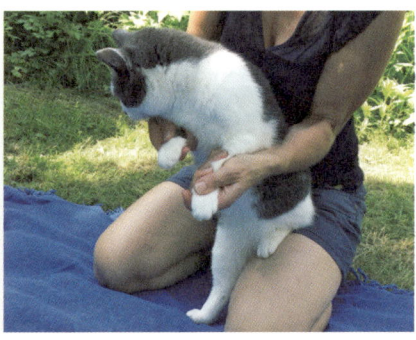

17
腳掌外側

或是,一手放在 SEL 10,另一手放在高 SEL 19。

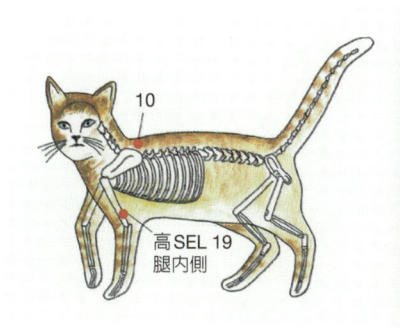

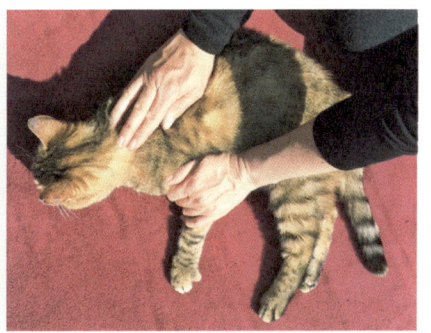

10

高 SEL 19
腿內側

心血管系統

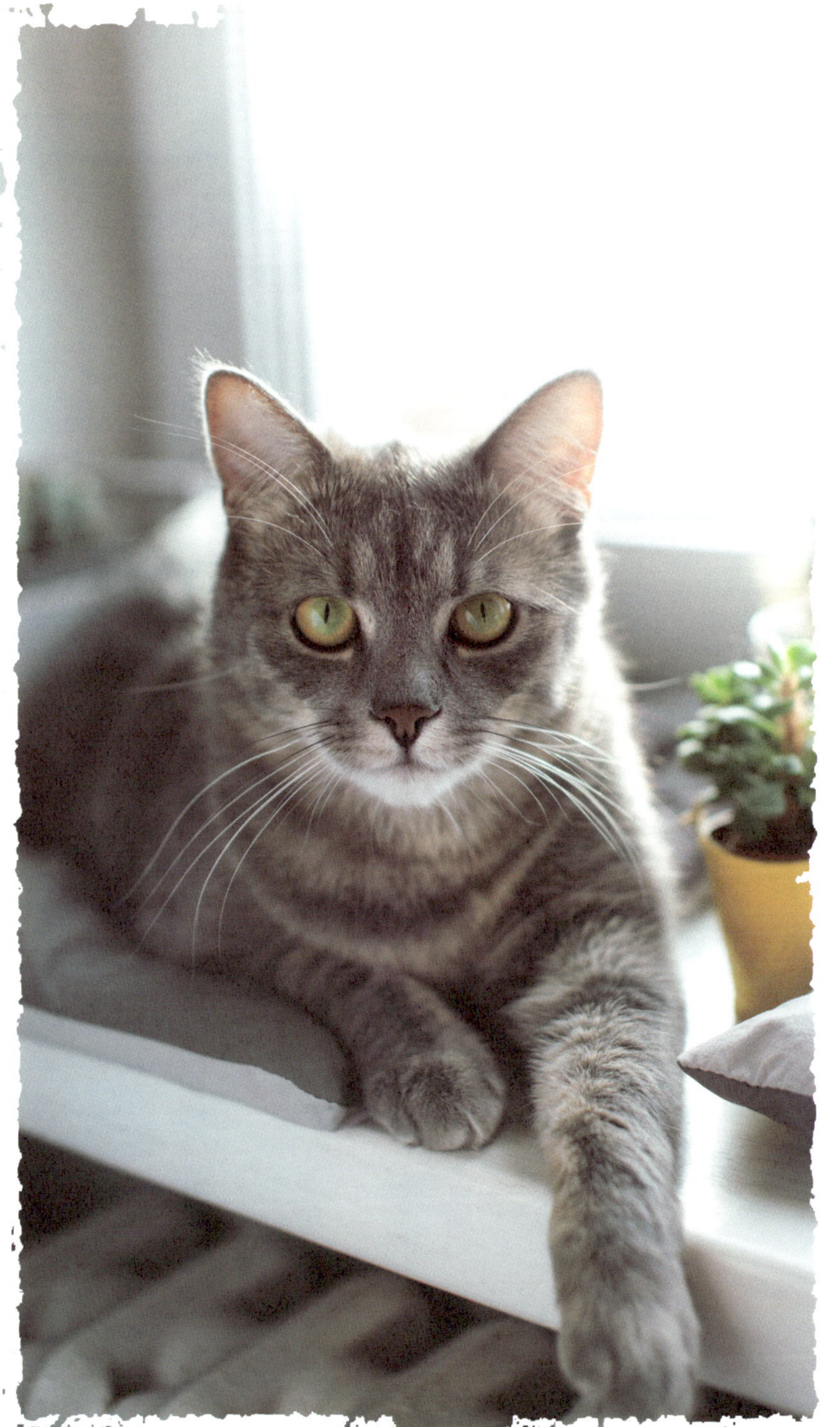

4.
消化器官

胃
　嘔吐 80
　胃痛與絞痛 80
　胃黏膜發炎（胃炎）........................ 81
　食慾不振 81
　體重減輕 82

腸
　便祕 82
　腹瀉 82
　腸絞痛 83
　腸道寄生蟲 83

肝臟 84

胰臟與脾臟
　強化胰臟 85
　糖尿病 86

貓

胃

「胃能量流」適用於所有與胃部相關的問題（見第39頁）。

嘔吐

貓咪偶爾嘔吐，排出毛球或吞食的草，其實很正常，這是身體排除有害物質的方法。然而，如果嘔吐頻繁發生，那就要帶貓咪去給獸醫檢查了。

你也可以按著兩側 SEL 1，藉此幫助你的貓咪。

或是，一手放在 SEL 1，另一手放在 SEL 14。

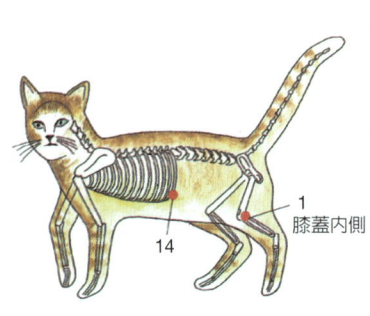

1 膝蓋內側

14

胃痛與絞痛

若要緩解貓咪絞痛，可將你的雙手分別放在兩側 SEL 1（後腿膝關節內側）。

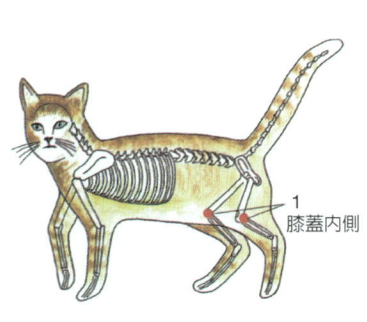

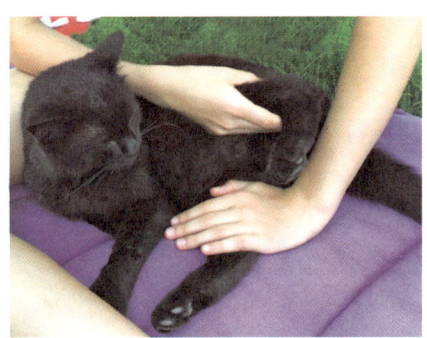

1 膝蓋內側

或是，按著高SEL 1（約在SEL 1上方距離一腳掌寬的位置），搭配低SEL 8（約在SEL 8下方一腳掌寬的位置）。

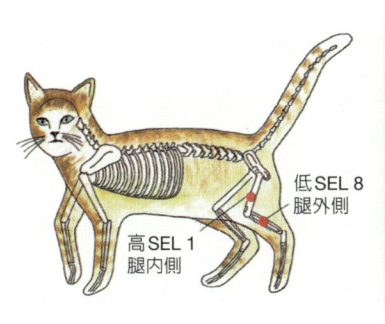

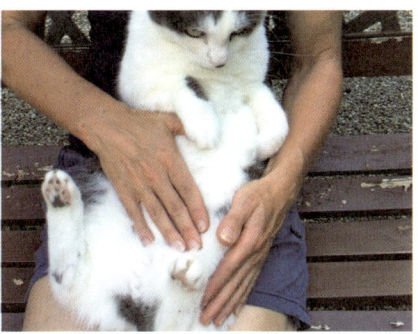

胃黏膜發炎（胃炎）

引起胃炎的原因可能不同：吃了不宜食用的植物、因為舔毛而把皮毛上的汙染物吃下肚、飲用花瓶水或洗碗水、傳染病或寄生蟲感染。胃炎可能會伴隨嘔吐，也可能不會。

你可以用下述方法幫助貓咪：使用「胃能量流」（見第39頁）。一手放在SEL 14，另一手放在身體另一側的高SEL 1。

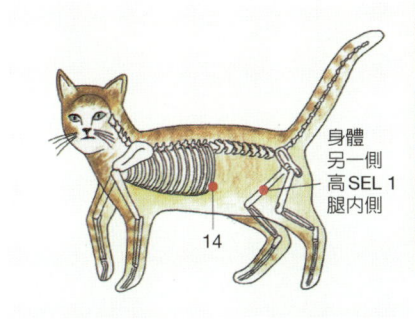

食慾不振

「脾臟能量流」（見第35頁）可調和飲食行為，包括食慾不振、拒絕食物、增加食慾或食慾無法滿足等等。

「胃能量流」（見第39頁）也可平衡食慾與體重。

貓

體重減輕

「胃能量流」（見第39頁）和「脾臟能量流」（見第35頁）同樣適用於體重減輕。要記住，腸道寄生蟲（體重減輕，但食慾和進食行為正常，見第83頁）或甲狀腺疾病也可能是體重減輕的原因。

腸

便祕

如果沒有嚴重疾病的跡象，便祕可能是因為：缺乏運動（尤其是家貓）、飲食單一、高纖食物過量、毛球堵塞腸道。務必確保你的貓咪始終可以喝到新鮮的水。

若要緩解便祕，可按著兩側 SEL 1（見第80頁）。

或是，一手放在 SEL 11，另一手放在身體另一側的前腳掌。

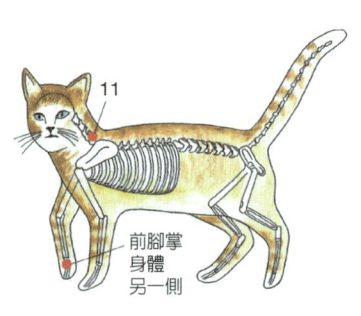

腹瀉

可能有若干腹瀉的原因。如果以仁神術調理一天之後沒有改善，或是貓咪的整體狀況變差，務必找獸醫診治。

調理法：按著兩側的 SEL 8。

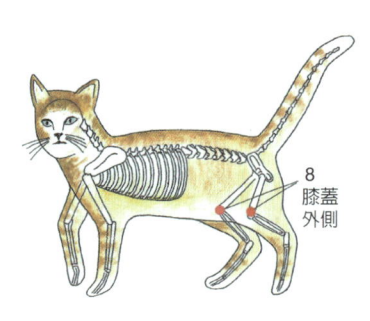

或是，一手放在右側 SEL 8，另一手放在右側高 SEL 1（約在 SEL 1 上方距離一腳掌寬的位置）。

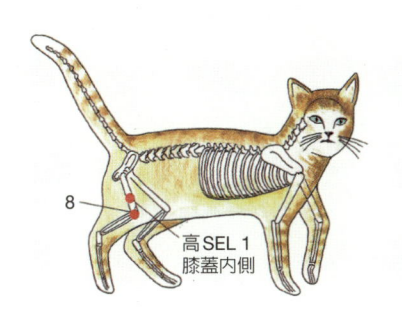

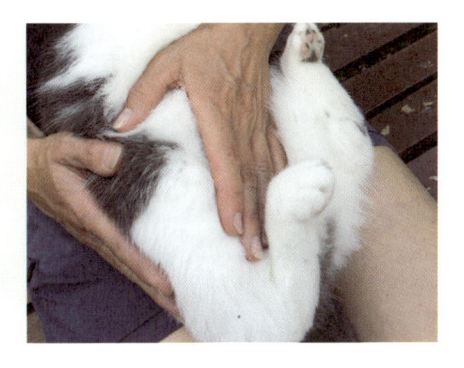

8
高 SEL 1
膝蓋內側

腸絞痛

若要舒緩腸道不適，可以一手放在高 SEL 19，另一手放在身體另一側的 SEL 1。

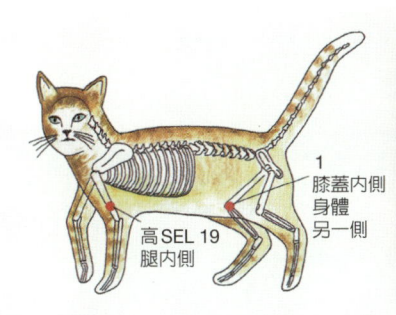

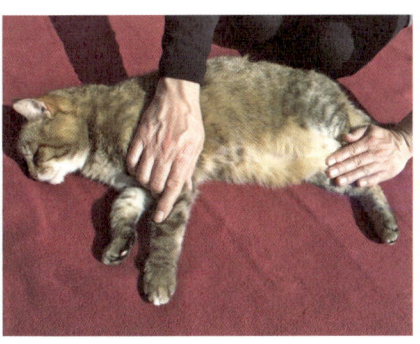

1
膝蓋內側
身體另一側

高 SEL 19
腿內側

腸道寄生蟲

如果貓咪反覆出現寄生蟲問題，務必經常調理兩側 SEL 19。

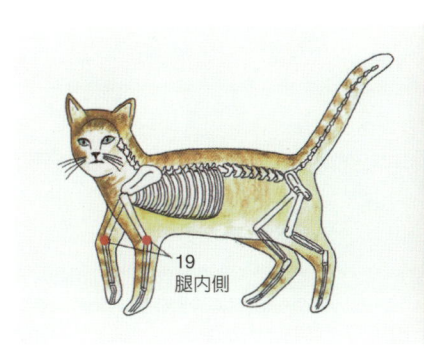

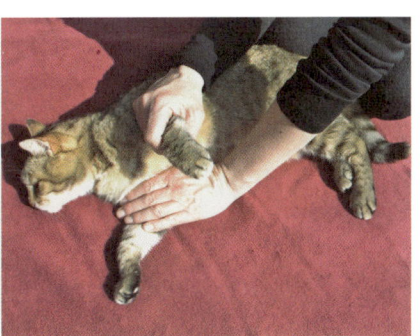

19
腿內側

消化器官

貓

或是，先按著一側的 SEL 3，搭配 SEL 19，然後再按另一側。

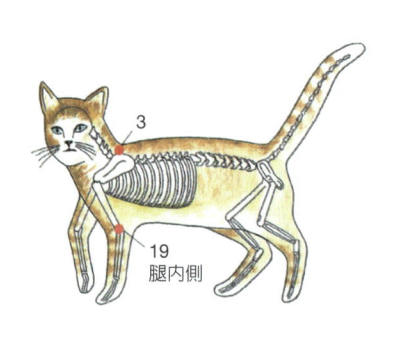

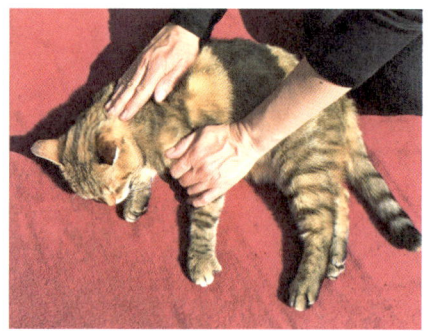

3

19
腿內側

肝臟

肝臟是身體最大的排毒器官。
若要強化肝臟：一手放在左側 SEL 4，另一手放在右側 SEL 22。

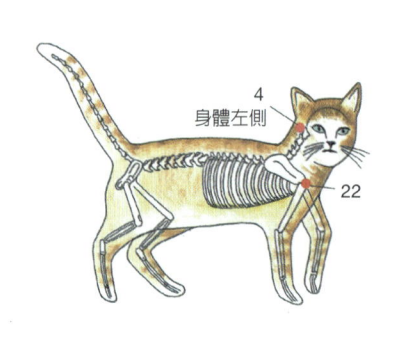

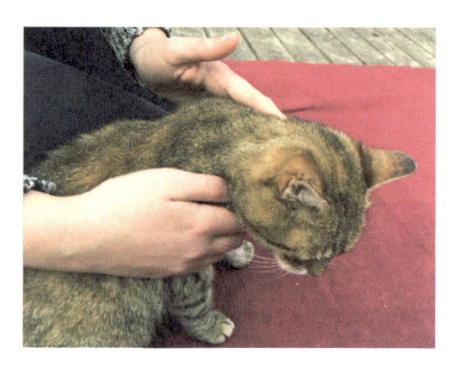

4
身體左側

22

若要排毒：一手放在 SEL 12，另一手放在 SEL 14。

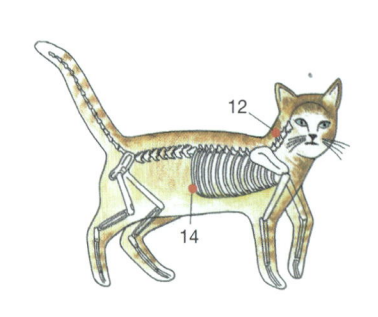

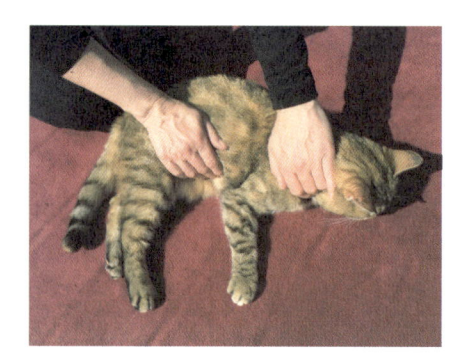

12

14

或是，調理 SEL 23，搭配 SEL 25。

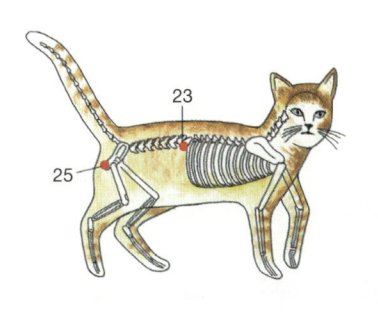

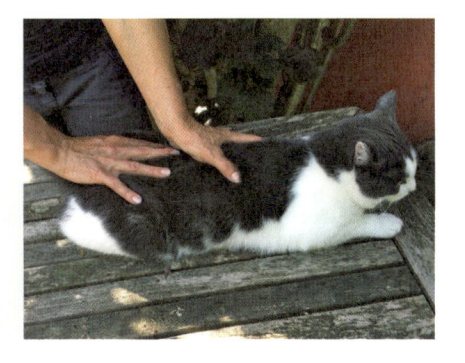

胰臟與脾臟

強化胰臟

若要強化胰臟，可按著兩側的 SEL 14。

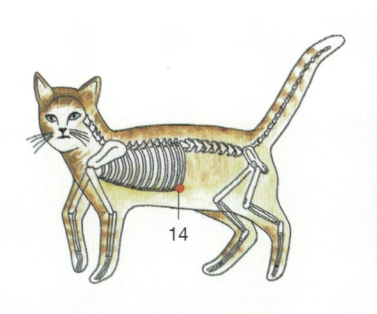

或是，一手放在 SEL 14，另一手放在身體另一側的高 SEL 1（約在 SEL 1 上方距離一腳掌寬的位置）。

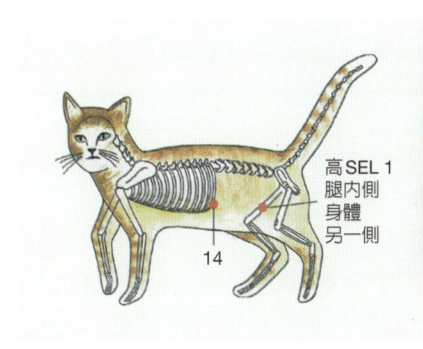

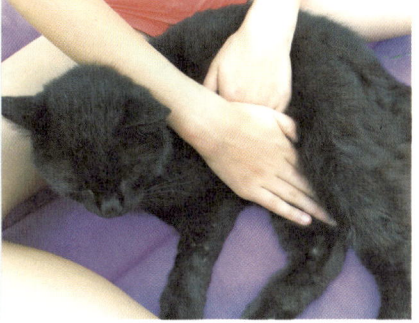

貓

糖尿病

貓咪也可能罹患糖尿病，除了請獸醫治療外，你可以依序使用下述能量流來幫助貓咪。

針對身體右側施作：
步驟1：右手放在右側SEL 23，左手放在右側SEL 14。

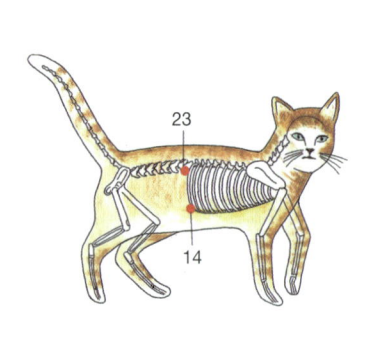

步驟2：右手保持在右側SEL 23，左手則按著右側SEL 21。

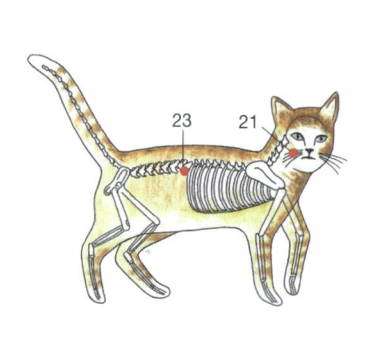

針對身體左側，則左右對調：
步驟1：左手放在左側SEL 23，右手放在左側SEL 14。
步驟2：左手保持在左側SEL 23，右手移至左側SEL 21。

5.
泌尿系統

膀胱
　膀胱問題 88

腎臟
　腎臟感染 89
　腎結石與膀胱結石 90

貓

膀胱

膀胱問題

針對所有膀胱問題（發炎、癱瘓等等），均可調和「膀胱能量流」（見第48頁）。

或是採用下述快速調理法：一手放在頸椎中段，兩側 SEL 12 之間，另一手放在尾椎骨。

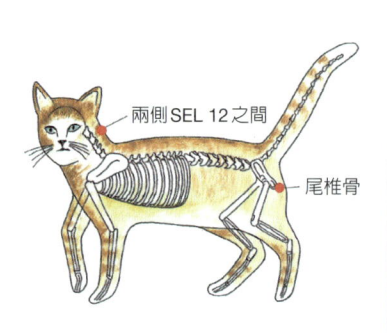

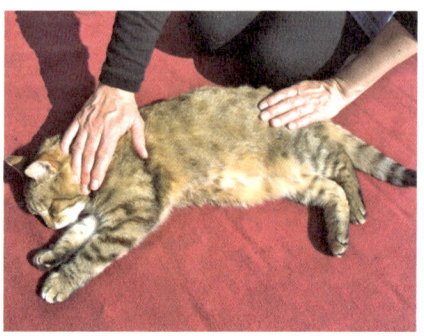

兩側SEL 12之間
尾椎骨

或是，調理 SEL 4，搭配 SEL 13。

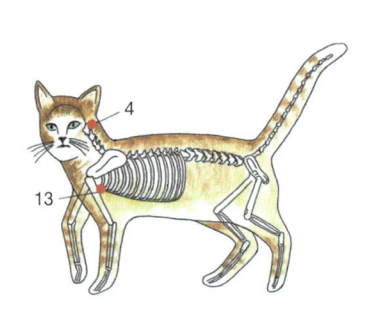

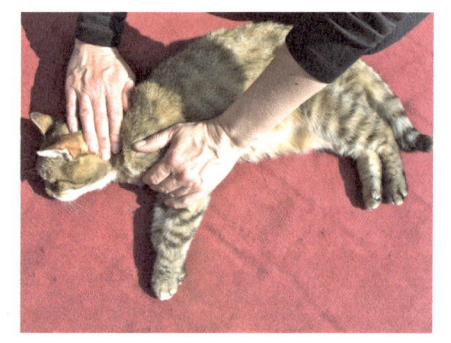

腎臟

腎臟感染
針對身體右側施作：
步驟1：先按著左側SEL 3和左側SEL 15。

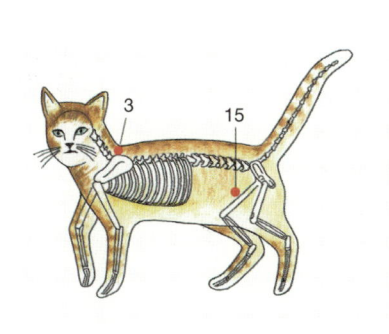

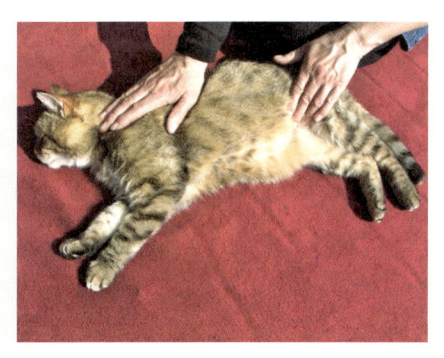

步驟2：然後一手放在恥骨（如圖，只有指尖觸及恥骨，因為整隻手放上去會讓貓咪覺得不舒服），另一手握住左後腳掌。

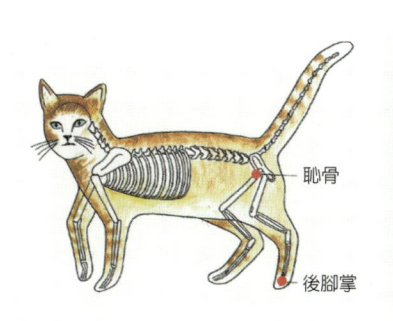

泌尿系統

89

針對身體另一側，則左右對調：
步驟1：一手放在右側 SEL 3，另一手放在右側 SEL 15。
步驟2：一手放在恥骨上，另一手握住右後腳掌。或是，如果你的貓咪不喜歡別人觸碰恥骨，可以改為一手放在後頸，另一手放在尾椎骨。

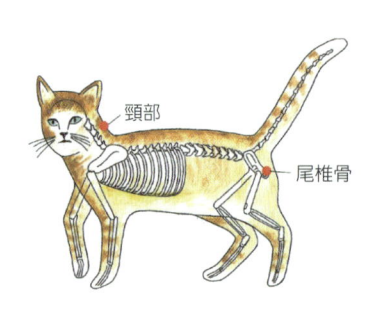

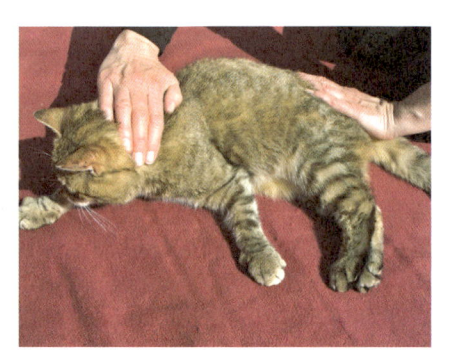

腎結石與膀胱結石

一手同時按住 SEL 5 和 SEL 16，另一手按著 SEL 23。
先調理身體一側，然後再調理身體另一側。

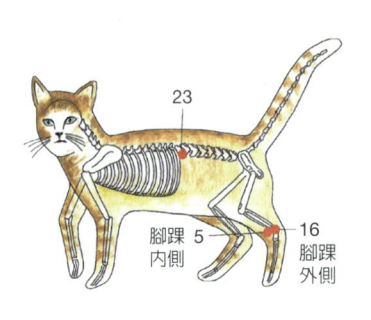

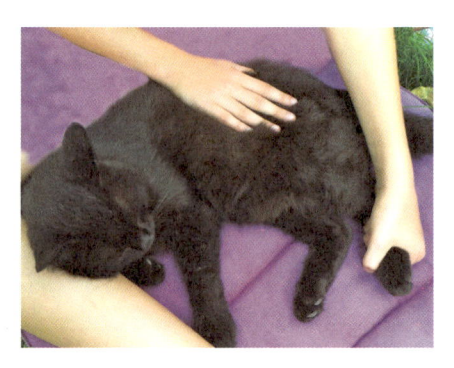

或是，調理 SEL 23，搭配 SEL 14。

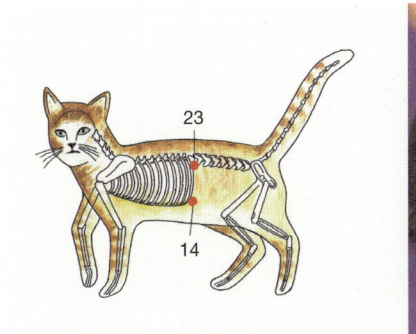

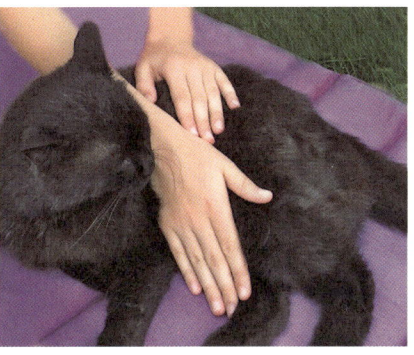

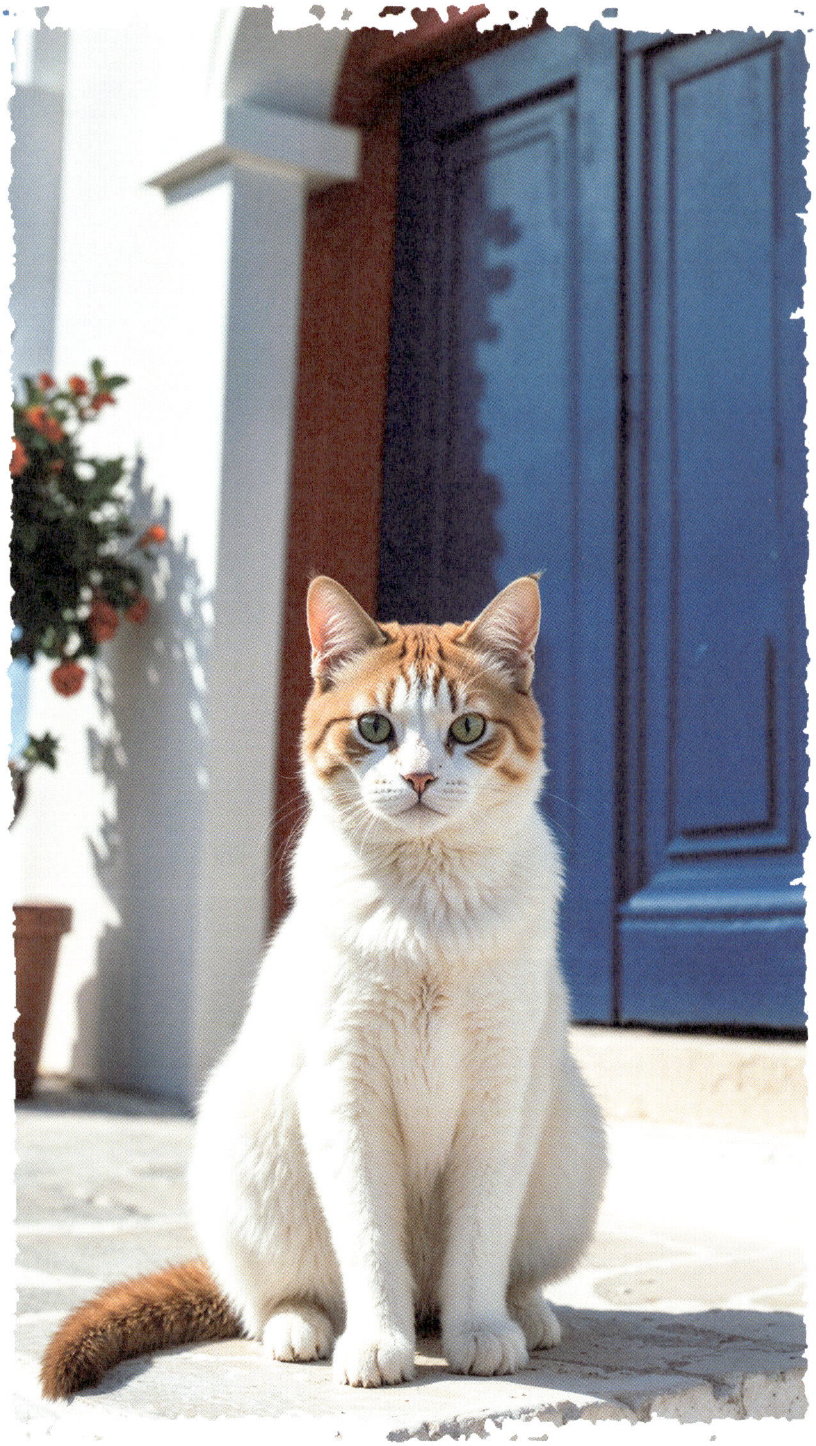

6.
生殖器官

公貓生殖器官
　睪丸發炎（睪丸炎） ……………………………………………… 94
　前列腺 …………………………………………………………… 94

母貓生殖器官與生產輔助
　懷孕 ……………………………………………………………… 95
　產前照護 ………………………………………………………… 96
　生產輔助 ………………………………………………………… 96
　分娩疼痛 ………………………………………………………… 97
　宮縮過弱或太強 ………………………………………………… 97
　新生小貓的呼吸問題 …………………………………………… 98
　奶水不足或過剩 ………………………………………………… 98
　乳頭發炎 ………………………………………………………… 99
　假性懷孕 ………………………………………………………… 99

貓

公貓生殖器官

睪丸發炎（睪丸炎）

一手同時按住 **SEL 5** 與 **SEL 16**，另一手放在 **SEL 3** 上。

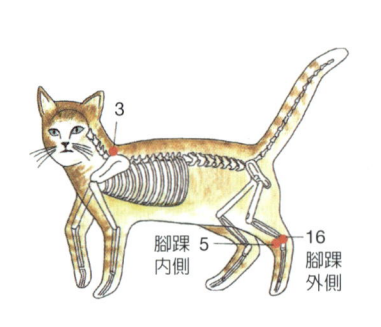

腳踝內側 5　16 腳踝外側

前列腺

強化「脾臟能量流」（見第35頁）。

或是，一手放在胸骨上，另一手放在尾椎骨上。

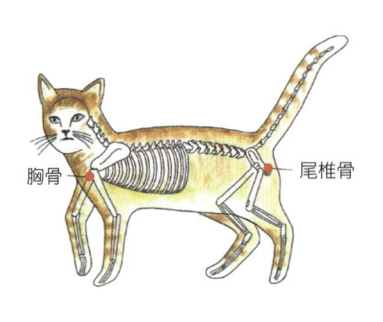

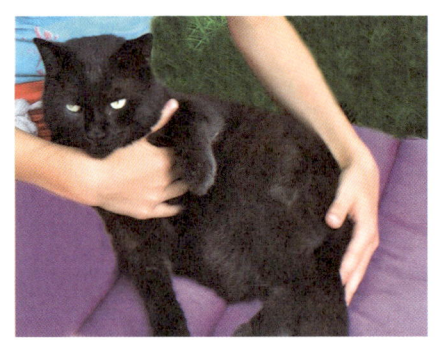

胸骨　尾椎骨

母貓生殖器官與生產輔助

懷孕

SEL 22對於貓咪適應新情況（懷孕、分娩及產後）很重要，尤其是對第一次生產的貓咪而言。

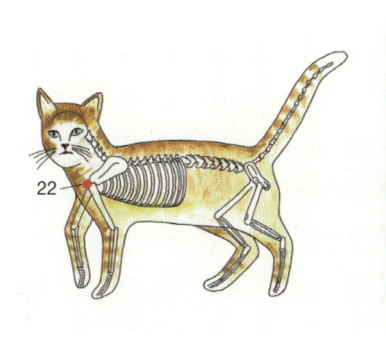

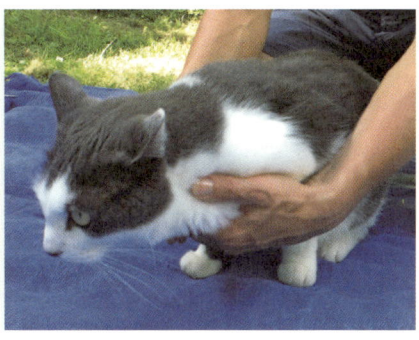

為了確保貓咪懷孕期間的健康發育，可以經常使用「監督者能量流」（見第31頁）。

此外，你可以同時按著兩側的 **SEL 5**和**SEL 16**，為子宮提供能量。

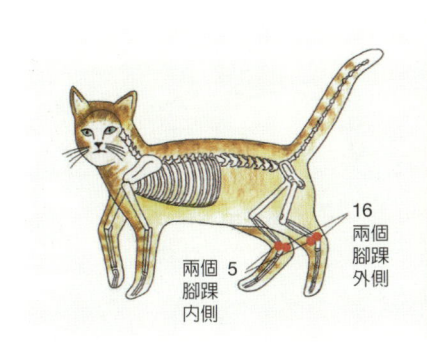

生殖器官

95

貓

產前照護

SEL 8 可以軟化骨盆，以利生產，也可以開啓產道。

SEL 22 則可幫助身體為生產做好準備。

你可以同時按著這兩個安全能量鎖。

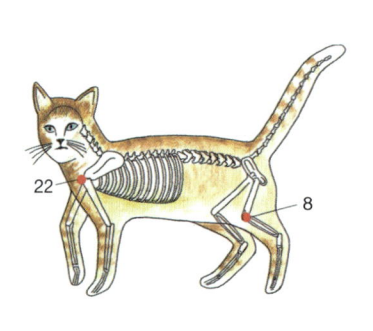

生產輔助

大多數貓咪能夠自行分娩，而且多半會選擇隱蔽的地方。但也有些貓咪想要待在主人身邊。請讓母貓自行選擇。如果牠主動靠近且喜歡有人觸摸，你可以用下述調理法幫助牠：

按著 SEL 13，搭配 SEL 4，以促進放鬆並加快分娩過程。

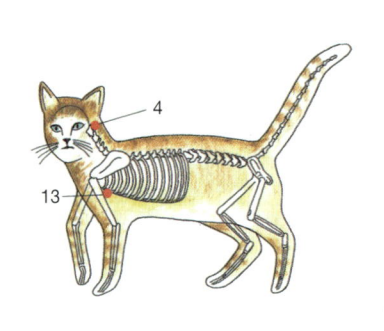

針對整體生產輔助與促進宮縮，則一手放在SEL 8，另一手放在薦骨區。

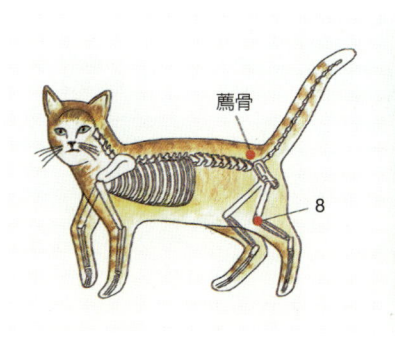

分娩疼痛

調理SEL 5，搭配SEL 16，可以在貓咪分娩期間助牠緩解疼痛。

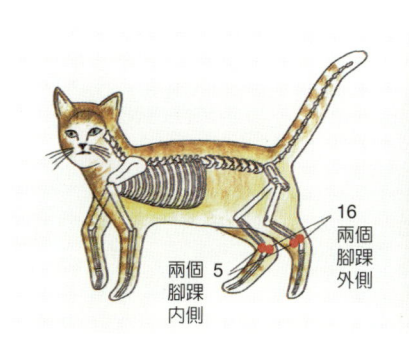

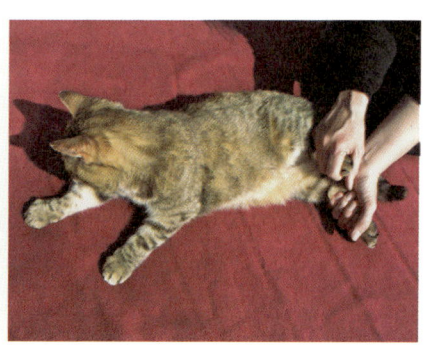

宮縮過弱或太強

SEL 1（見第124頁）可啟動身體的能量流動，從而促進整個分娩過程。

如果生產停滯或進展過快，可按SEL 20和SEL 22。

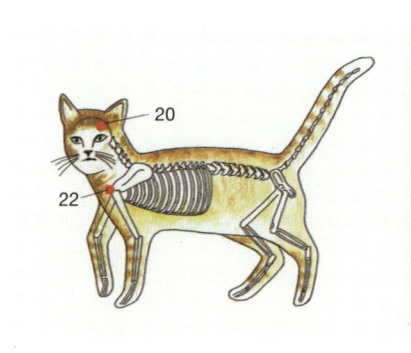

貓

新生小貓的呼吸問題

如果新生小貓呼吸困難，可按著兩側的 **SEL 4**。

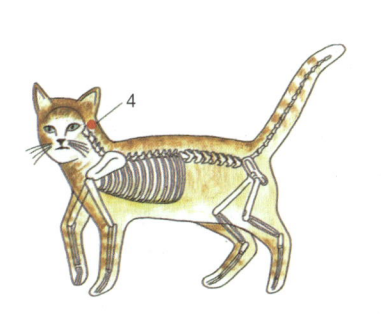

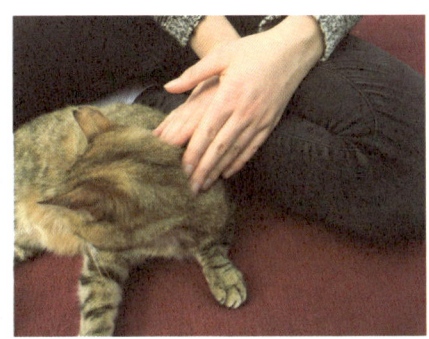

奶水不足或過剩

貓咪通常會自行調節奶水分泌。假使無法自行調節奶水分泌，可運用「脾臟能量流」（見第35頁）輔助貓咪。

或是，一手放在 **SEL 22**，另一手放在 **SEL 14**。

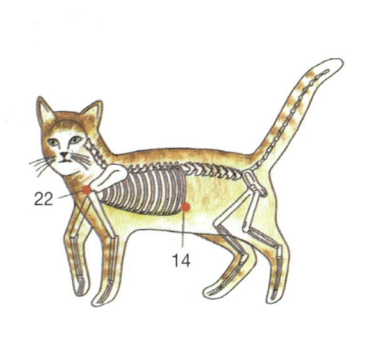

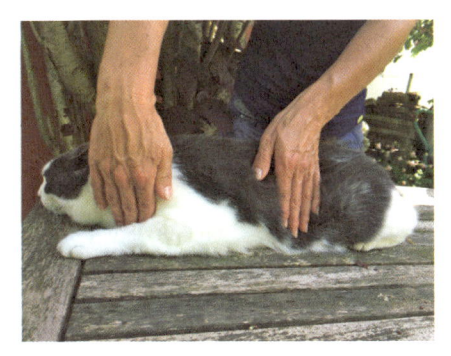

乳頭發炎

先一手放在 **SEL 3**，另一手放在 **SEL 15**（見第89頁）。然後調理**高 SEL 19**（約在 **SEL 19** 上方距離一腳掌寬的位置），搭配身體另一側的**高 SEL 1**（約在 **SEL 1** 上方距離一腳掌寬的位置）。

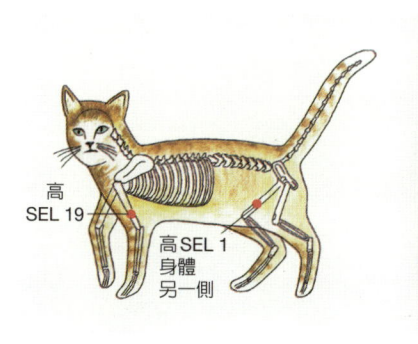

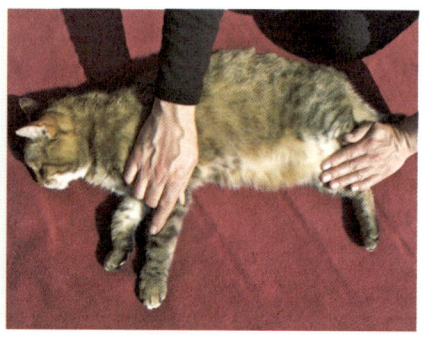

假性懷孕

先按著身體一側的 **SEL 10** 和 **SEL 13**，然後再按身體另一側的 **SEL 10** 和 **SEL 13**。

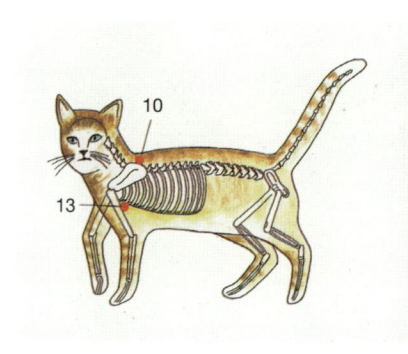

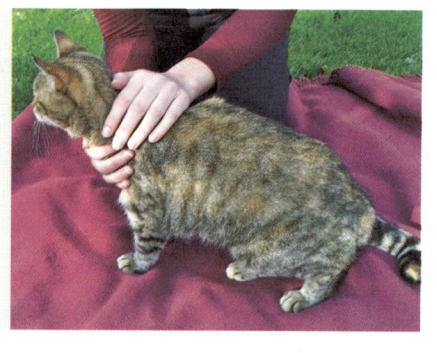

生殖器官

99

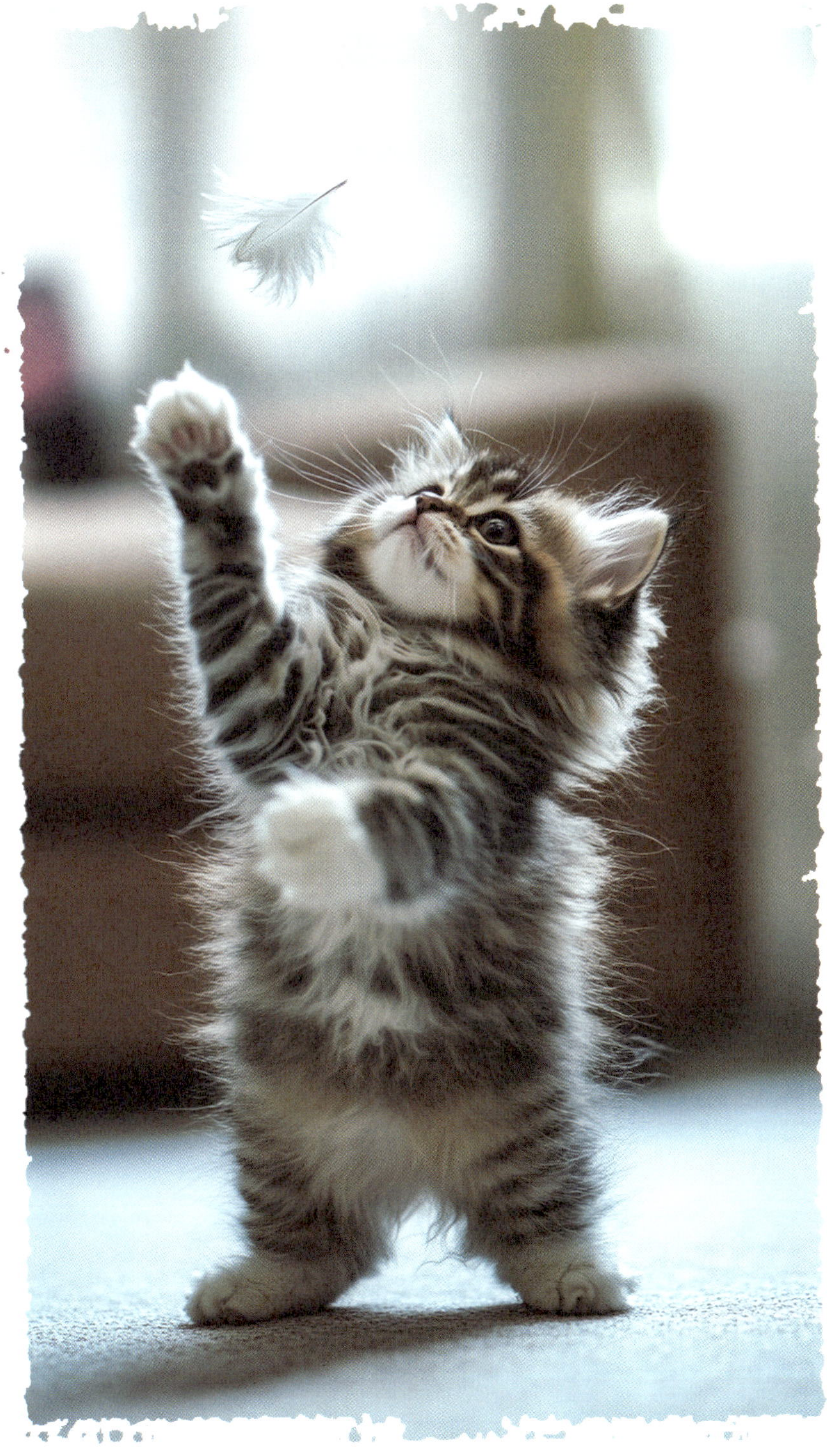

7. 皮毛與皮膚

皮毛
脫毛 102
皮毛暗淡 102
皮屑 102

皮膚
濕疹 103
疔瘡與膿腫 103
搔癢 104
真菌性皮膚感染 104
過敏與不耐症 105

貓

「胃能量流」（見第39頁）是皮膚與毛髮的專家。
如果貓咪有皮膚或皮毛問題，建議經常使用胃能量流調理。
此外，要注意飲食健康均衡。

> 皮毛

脫毛
除了胃能量流之外，也可調理 **SEL 14**，搭配身體另一側的 **SEL 22**。

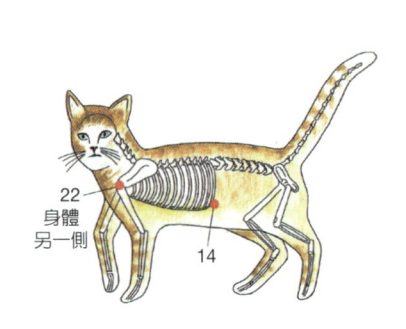

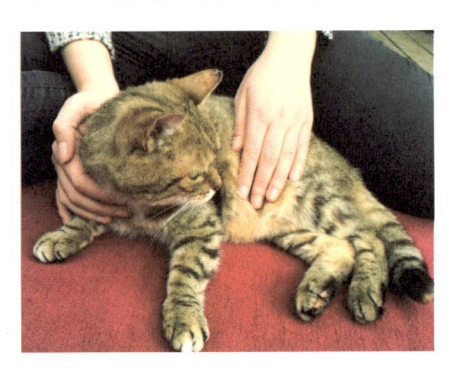

其他可能導致脫毛的原因有：慢性器官疾病、寄生蟲、真菌感染或荷爾蒙失調。這些應由獸醫診斷確認。

皮毛暗淡
要經常使用「脾臟能量流」（見第35頁）調理。

皮屑
調和「胃能量流」與「脾臟能量流」。

皮膚

濕疹

經常調理 SEL 3，搭配 SEL 19。

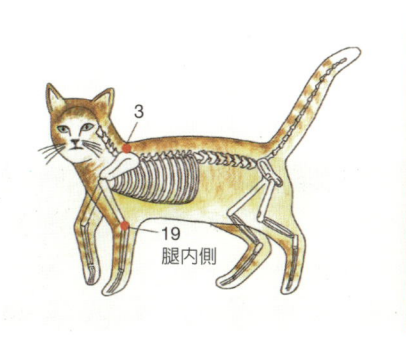

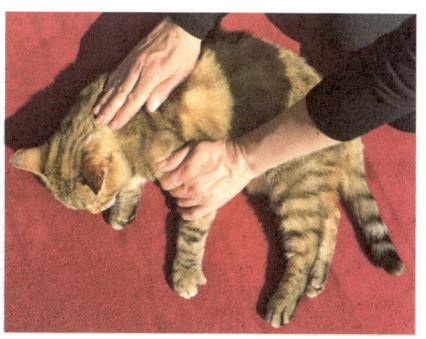

或是，按著 SEL 14，搭配 SEL 22。

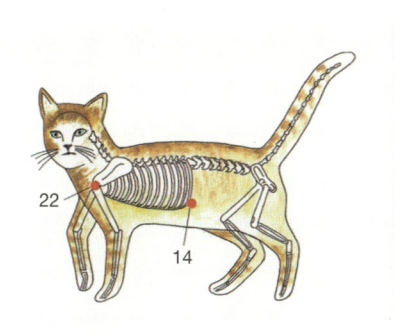

疔瘡與膿腫

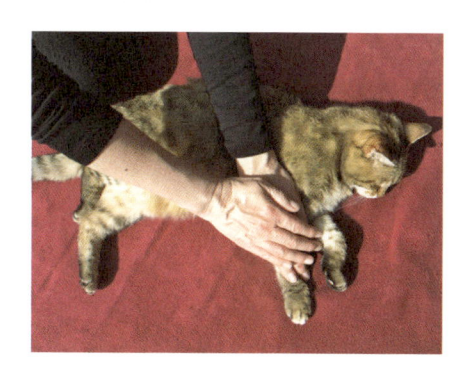

針對疔瘡與膿腫的調理，可將左手放在膿腫上，然後右手疊放在左手上。

貓

　　如果有他人在旁，你們也可以創造「多手」療法：
　　將你的左手放在膿腫上，右手疊放在左手上；下一個人將左手放在你的右手上，再將其右手疊放在自己的左手上，依此類推。
　　這個療法可加速癒合過程。

搔癢

　　若要緩解搔癢，可按 SEL 3，搭配 SEL 4。

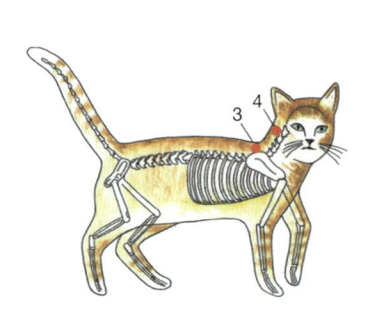

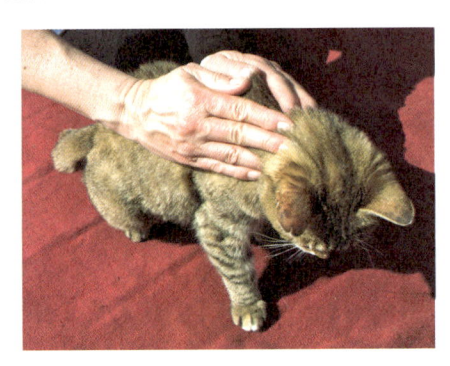

真菌性皮膚感染

　　「脾臟能量流」（見第35頁）可調理所有真菌性疾病。

過敏與不耐症

過敏與不耐症如今不只是人類的常見問題，貓咪也頗受其擾。引發過敏的因素有很多，而我們往往只能猜測可能的根本原因。過敏時，免疫系統會攻擊原本不應該對抗的物質，因此，調和免疫系統是調理所有過敏的關鍵。

SEL 3 是維持免疫系統健康的關鍵。它可以說是一扇門，打開它，病毒和細菌就可以再次離開身體。同時透過它，身體可以接收純淨的新能量。

調理法：按著 **SEL 3**，搭配 **SEL 15**。

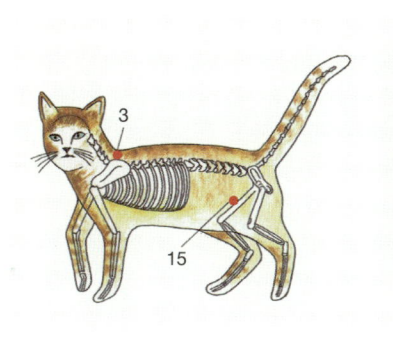

「脾臟能量流」（見第35頁）也可強化免疫系統。
另一個調理過敏的重要手法如下：
一手放在 **SEL 19**，另一手放在 **SEL 1**。

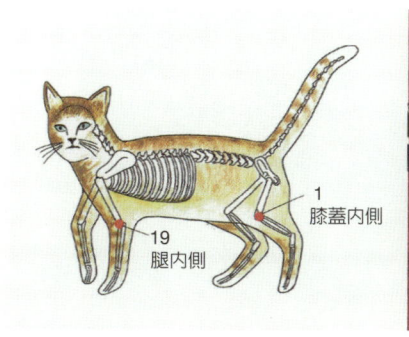

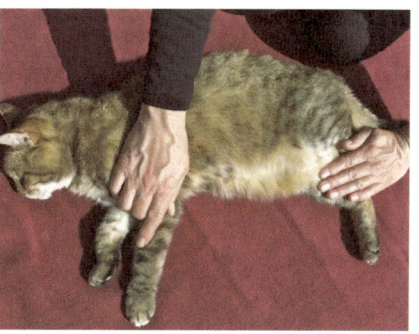

皮毛與皮膚

105

貓

要調理所有不耐症的必要安全能量鎖是 SEL 22。
調理法：按著 SEL 22，搭配 SEL 14。

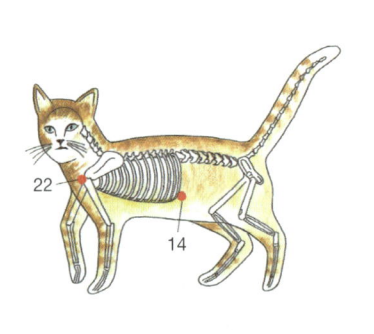

「初始中心調整法」（見第20頁）也非常有幫助。

8. 神經系統

肌肉抽搐 108

癱瘓 109

肌肉抽搐

　　肌肉抽搐可能是各種神經系統疾病的伴隨症狀，例如神經系統和肌肉神經細胞裡的障礙。建議由獸醫檢查確認。

　　不過，肌肉抽搐不一定是由疾病所引發。肌肉抽搐時常無害。有時候，症狀也只是由於暫時的神經刺激所致。

　　調理法：可按 **SEL 8**，搭配 **SEL 17**。

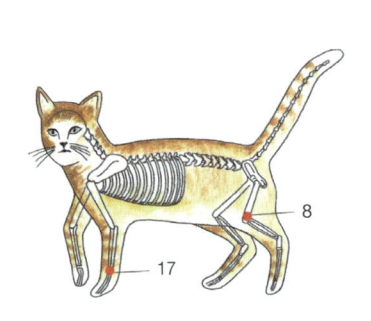

癱瘓

調理癱瘓時，可依照以下手法施作。
針對身體右側：
步驟1：左手放在右側 SEL 4，右手放在右側 SEL 13。

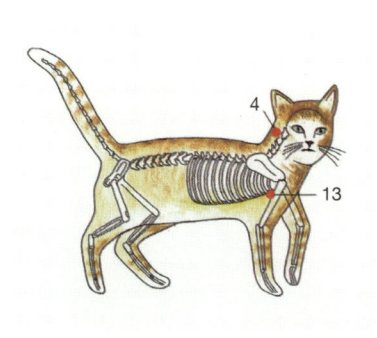

步驟2：然後，右手放在右側 SEL 16，左手放在右側 SEL 15。

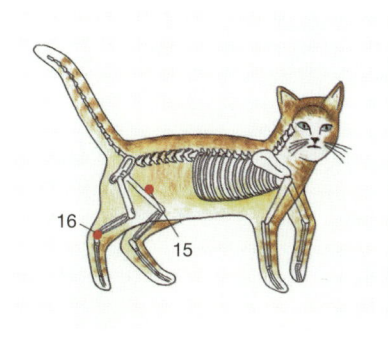

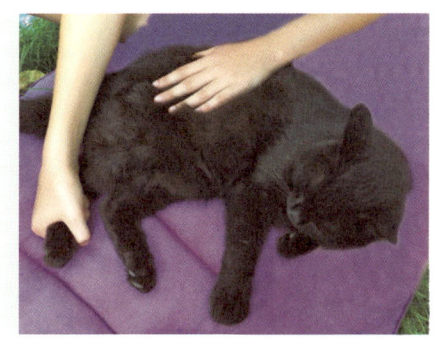

針對身體左側，則左右對調：
步驟1：右手放在左側 SEL 4，左手放在左側 SEL 13。
步驟2：然後，左手放在左側 SEL 16，右手放在左側 SEL 15。

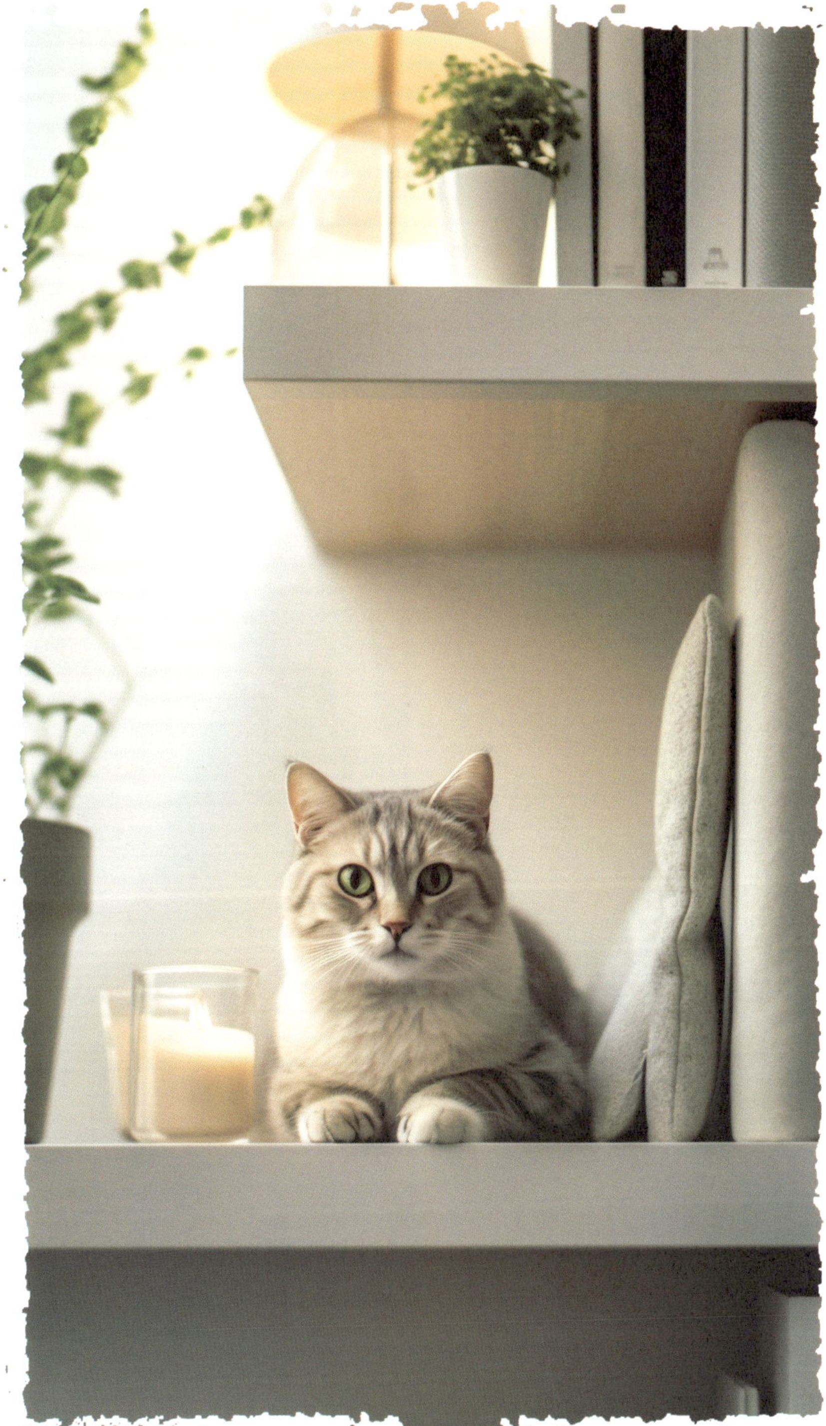

9. 肌肉骨骼系統

背部與脊椎 112

肌肉
    肌肉痙攣 113

韌帶、肌腱與關節
    扭傷與拉傷 114
    強化韌帶與肌腱 115
    關節發炎（關節炎） 115
    關節磨損（骨關節炎） 116

骨骼
    骨折 117
    強化骨骼 117

背部與脊椎

所謂「整脊師能量流」，涉及以下手法：

一手放在 **SEL 2**，另一手先握住一側後腳掌，然後再握住另一側後腳掌。

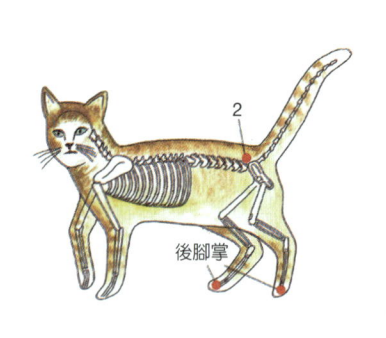

與背部相關的一切問題，「膀胱能量流」（見第48頁）是重要的能量流。

此外，「腳掌能量流」（見第22頁）也可調和背部及椎間盤。

> 肌肉

以下手法可輔助肌肉，改善肌肉發炎、拉傷、用力過度、顫抖、肌肉張力過高或過低、肌肉疼痛：

一手放在 **SEL 8**，另一手同時按住 **SEL 5** 和 **SEL 16**。

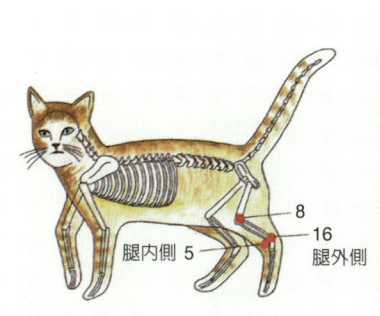

肌肉痙攣

同時按著兩側的 **SEL 8**。

或是，按著某側的 **SEL 8**，搭配身體另一側的 **SEL 1**。

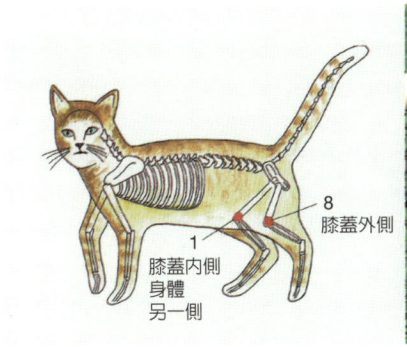

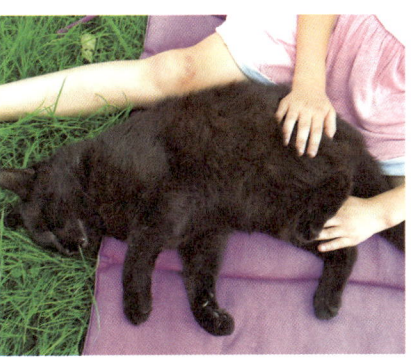

貓

> 韌帶、肌腱與關節

扭傷與拉傷

如果貓咪的前腳掌扭傷，就握住扭傷的關節。

假使後腳掌扭傷，則握住身體另一側前腿的第一關節，並用另一手按著與前腿同側的 **SEL 15**。

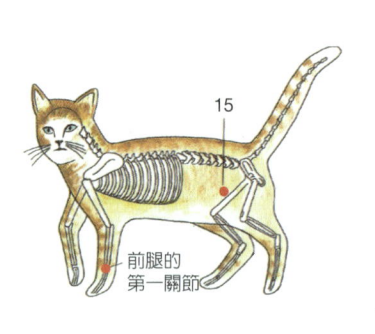

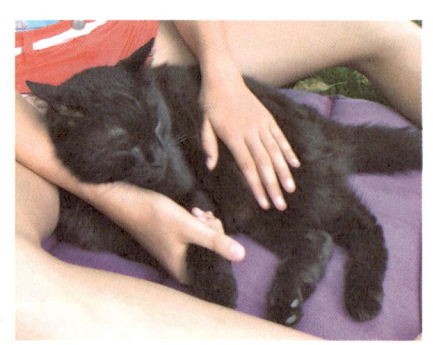

或是，一手放在患部，另一手放在身體同一側的 **SEL 15**。

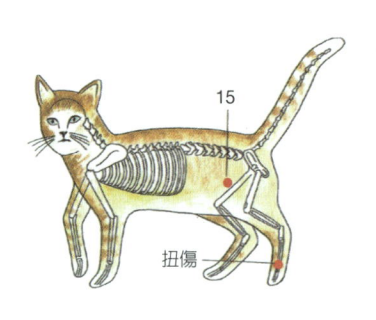

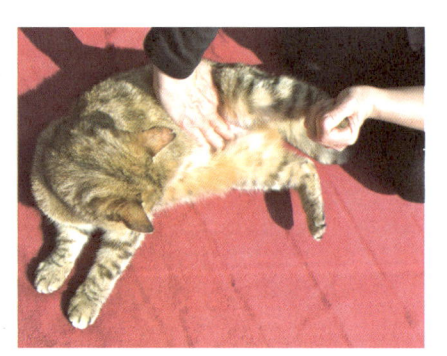

強化韌帶與肌腱

若要強化韌帶與肌腱，一手放在 **SEL 4**，另一手放在 **SEL 22**。

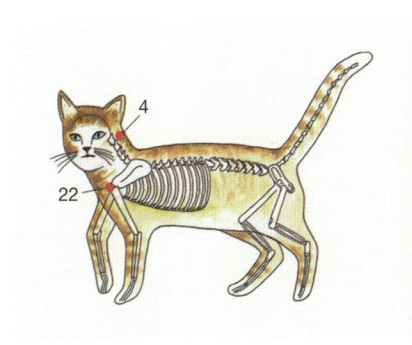

關節發炎（關節炎）

一手放在 **SEL 12**，另一手放在 **SEL 14**。

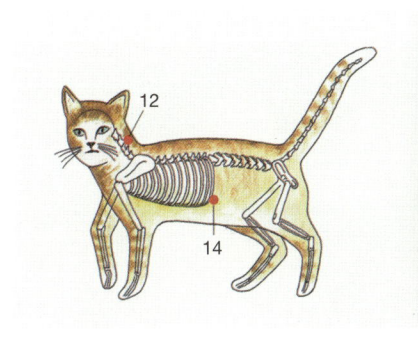

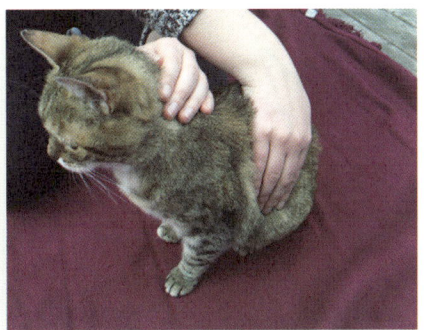

若要緩解疼痛並療癒發炎部位，則一手同時按住 **SEL 5** 和 **SEL 16**，另一手按著 **SEL 3**。

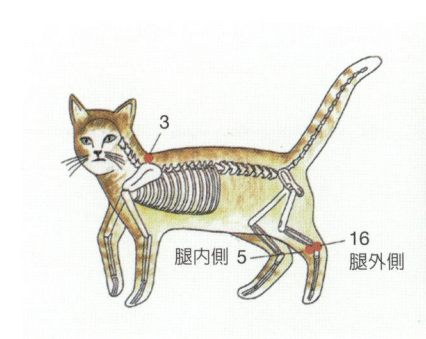

腿內側 5　腿外側 16

肌肉骨骼系統

115

貓

關節磨損（骨關節炎）

按著 SEL 13 和 SEL 17。

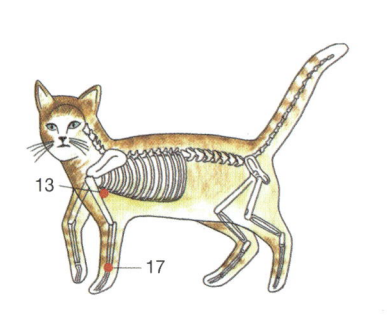

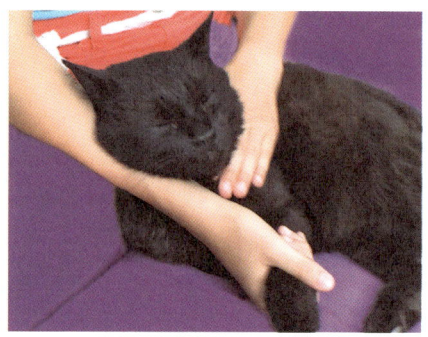

調理 SEL 1 可促進關節的移動與活動度：

按著兩側的 SEL 1（見第59頁）。或是，按著 SEL 1，搭配高 SEL 19（約在 SEL 19 上方距離一腳掌寬的位置）。

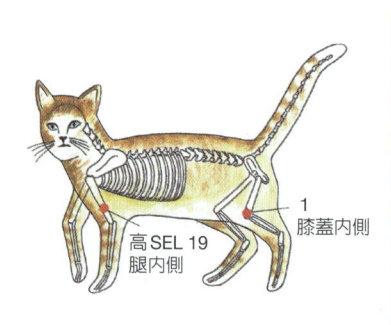

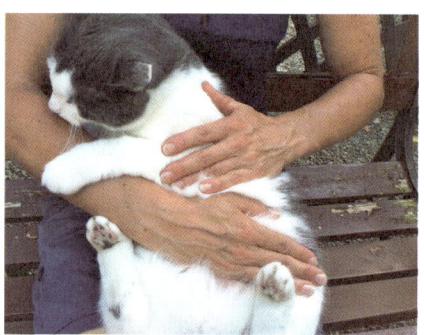

骨骼

骨折

按著**SEL 15**可促進骨折癒合。方法是將雙手放在兩側腹股溝。也可以調理**SEL 15**，搭配**SEL 3**。

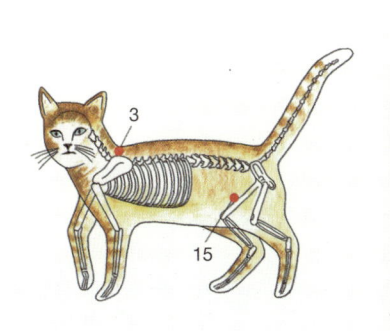

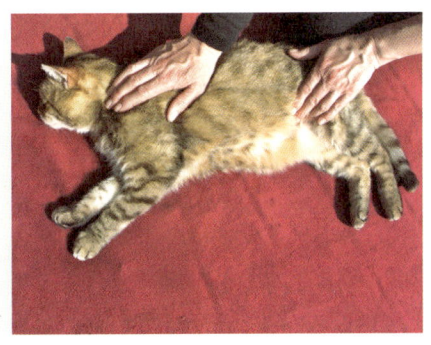

強化骨骼

若要強化骨骼，可按著**SEL 13**，搭配身體對側的**SEL 11**。

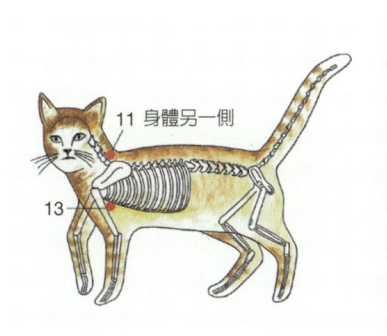

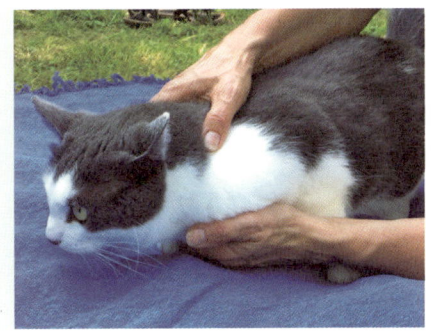

肌肉骨骼系統

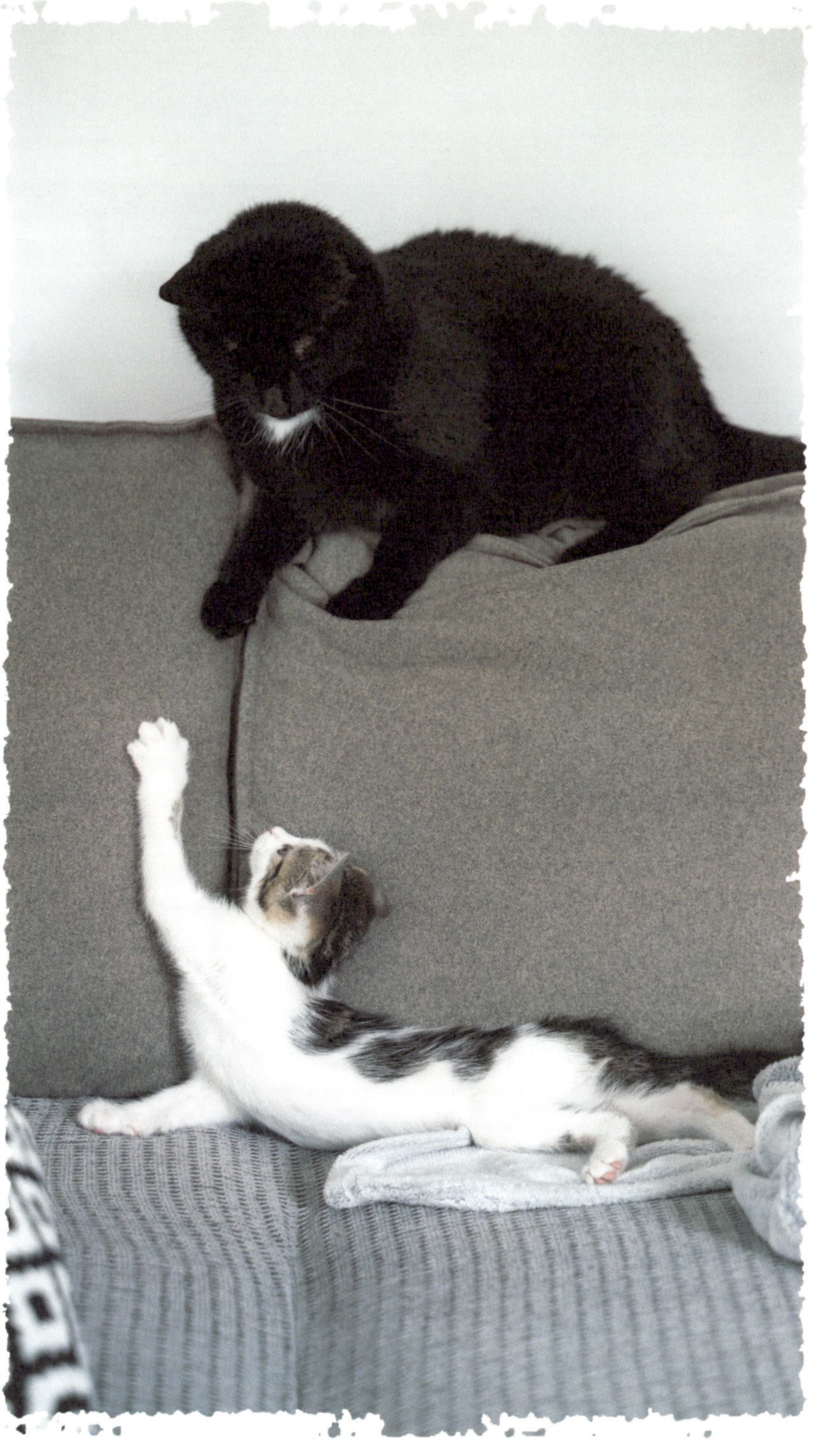

10.
免疫系統

貓

健全的免疫系統是健康與活力的前提。一旦為你的貓咪調理,你便自動地強化其免疫系統,刺激毛寶貝的自癒力。

對正常運作的免疫系統而言,最重要的安全能量鎖是 **SEL 3**。當 **SEL 3** 和諧時,貓咪體內原本存在的細菌與病毒就可以順利排出,不會滯留和引發疾病。

你還可以按著 **SEL 3**,搭配 **SEL 15**(見第89頁),藉此抑制並消除初期的感染。

其他可以非常有效且有力地調和免疫系統的能量流有:
- 正中能量流(見第22頁)
- 監督者能量流(見第31頁)
- 脾臟能量流(見第35頁)

或是,按著 **SEL 19**,搭配 **高 SEL 19**。

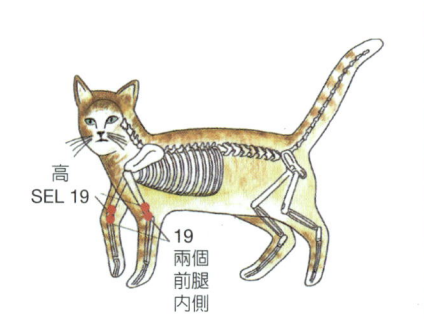

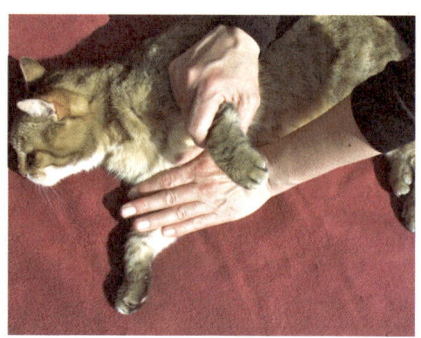

高 SEL 19

19
兩個前腿內側

11.
傳染病

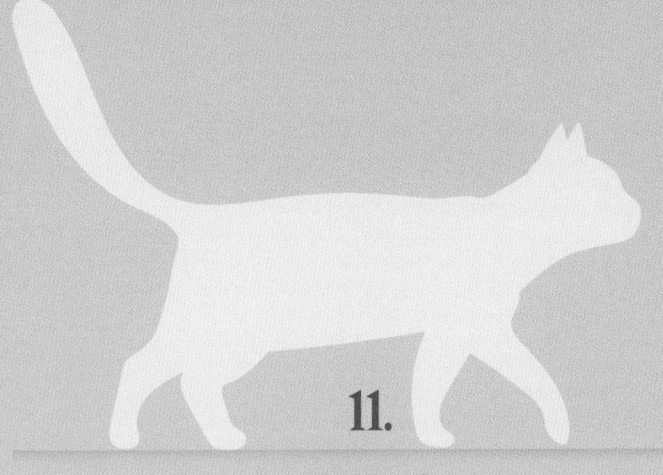

貓

　　如果你的愛貓有傳染病，例如貓細小病毒、白血病病毒、免疫缺陷病毒或貓傳染性腹膜炎，那麼一定要交由獸醫來診治。

　　你可以運用調理手法作為預防措施，增強貓咪的免疫系統（見第120頁），讓貓寶貝有機會更好地應對各種傳染病災難。

12.
水腫、增生與腫瘤

水腫 124

增生與腫瘤 124

貓

> 水腫

若要消除貓咪的水腫，可施作「膀胱能量流」（見第48頁）。

> 增生與腫瘤

能量流動順暢時，就不會有積累。調理可使能量重新流動，鬆開陳舊、硬化的部分。仁神術可調和整個生命體，使一切逐步回復平衡，包括細胞生長。

SEL 1（原始動力）可讓一切動起來並消除積累。

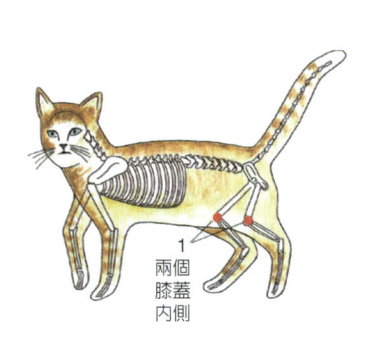

1
兩個
膝蓋
內側

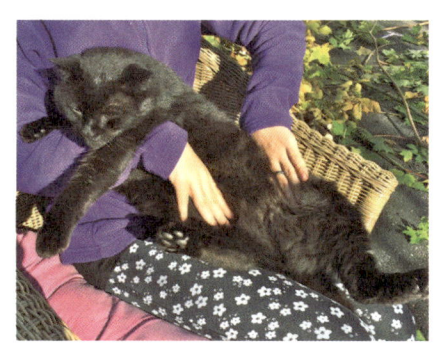

「脾臟能量流」（見第35頁）將光帶進每一個細胞，可以化解腫瘤與積累。要經常施作「正中能量流」（見第22頁）。

若要輔助細胞再生，可按著 SEL 20，以及身體另一側 SEL 19 的背面。

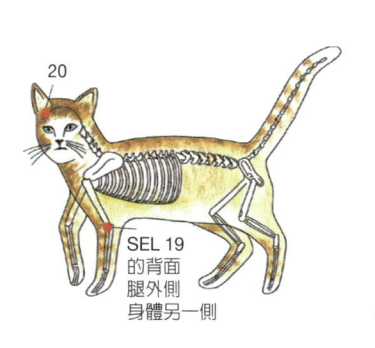

20

SEL 19
的背面
腿外側
身體另一側

還可經常施作「監督者能量流」（見第31頁）。

針對惡性腫瘤，重要的手法如下：
一手放在 SEL 24（調和紛亂），另一手放在 SEL 26。
針對囊腫，這個手法同樣有效。

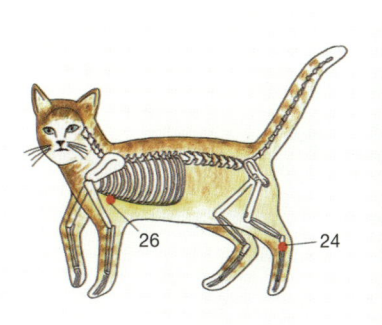

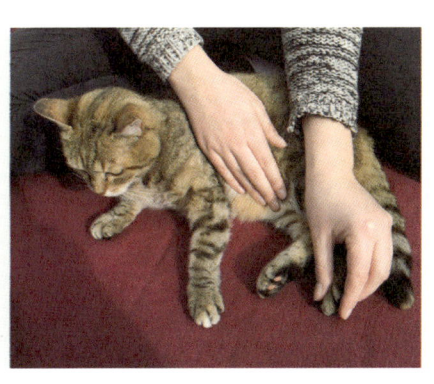

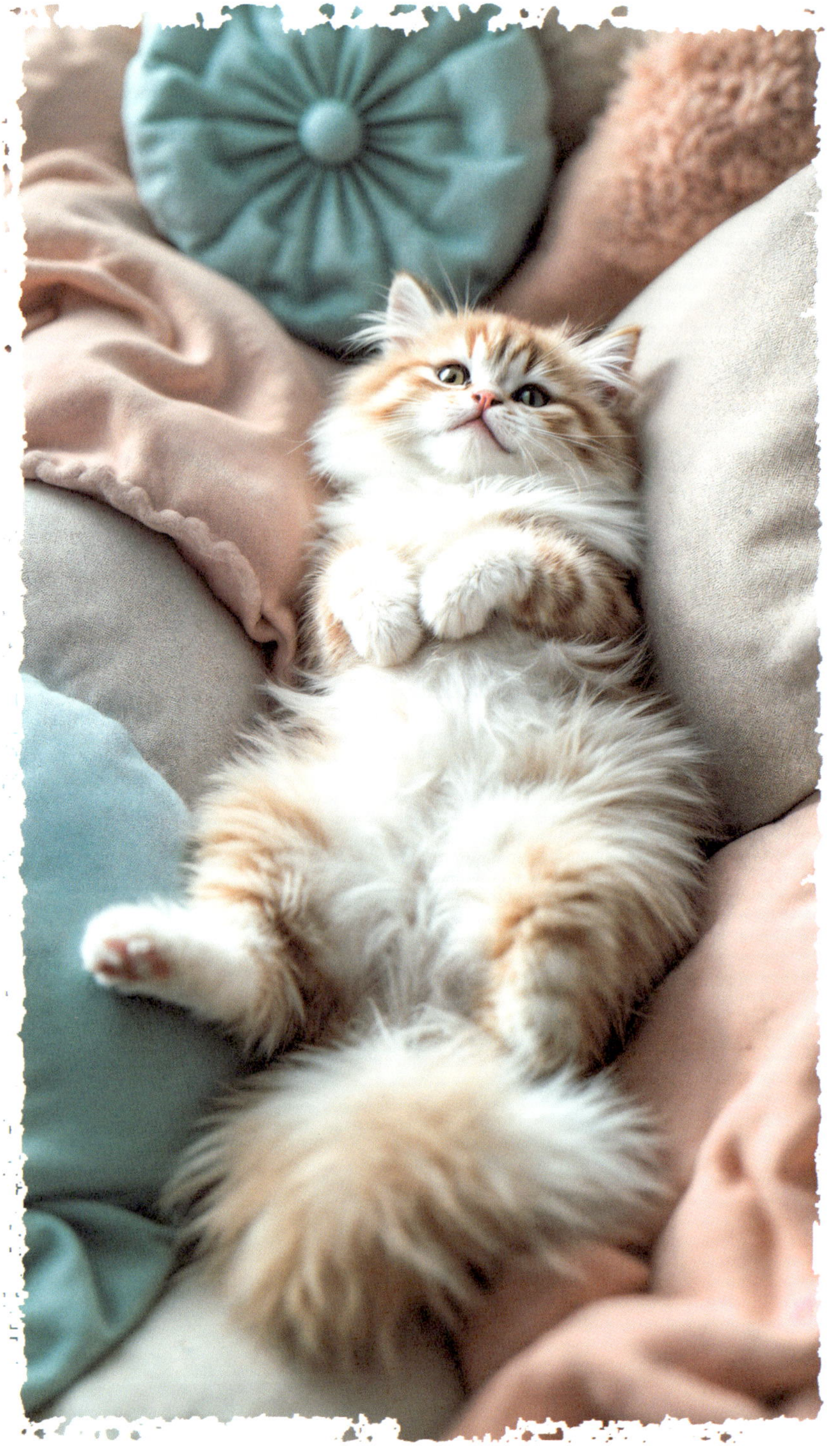

13. 行為與心靈

恐懼與恐慌 128

侷促不安與神經緊張 128

驚嚇反應 128

食物嫉妒 129

打鬥與攻擊行為 129

被忽視與受虐待 130

噪音敏感 130

貓

恐懼與恐慌

針對恐懼，重要的能量流是「正中能量流」（見第22頁）。它讓一切回歸平衡，喚起深度的信任感。

你也可以用以下調理法：

一手放在 SEL 4、SEL 12、SEL 11 區（位於後頸），另一手放在兩側 SEL 22 上（鎖骨下方）。

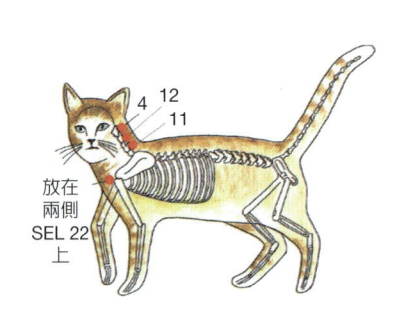

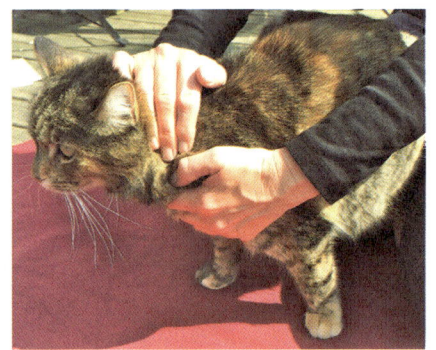

侷促不安與神經緊張

針對所有不安或緊張的貓咪，可以經常施作「正中能量流」（見第22頁），以及按著兩側的 SEL 17，搭配兩側的 SEL 18。

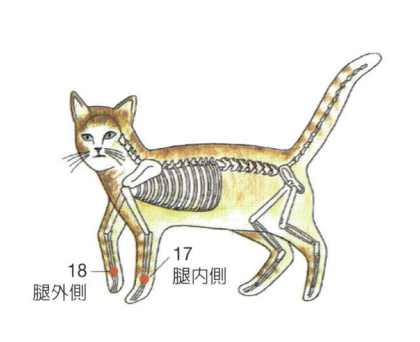

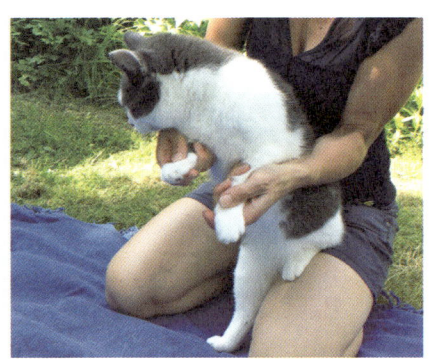

驚嚇反應

「正中能量流」（見第22頁）在這方面也頗有幫助。

或是，一手放在 SEL 23，另一手放在 SEL 26。

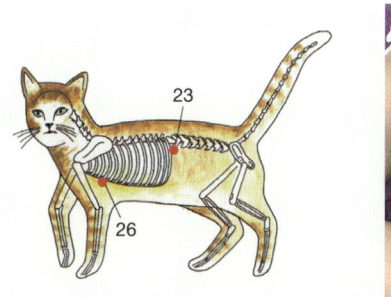

食物嫉妒

按著 SEL 14 和高 SEL 19（約在 SEL 19 上方距離一腳掌寬的位置）。

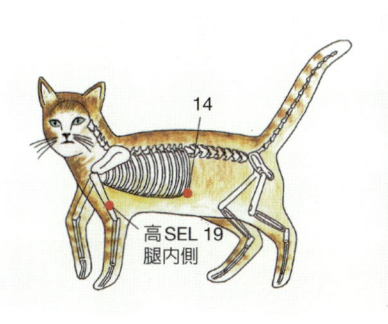

打鬥與攻擊行為

如果你的貓咪經常參與打鬥，務必運用基本調和法好好調理，例如施作「正中能量流」（見第22頁）。

或是，按著 SEL 24，搭配 SEL 26。

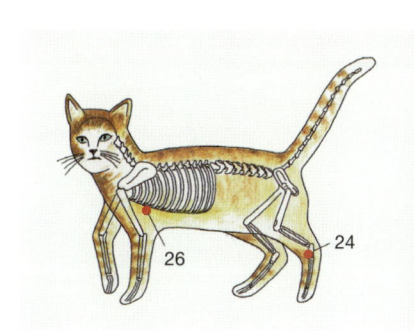

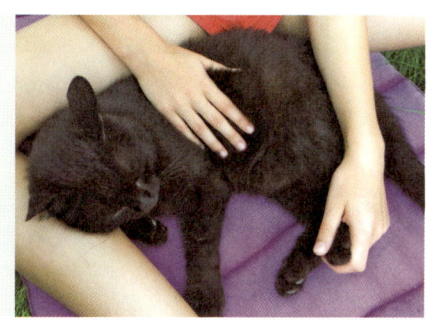

貓

一手放在兩側 **SEL 4**（後頸），另一手放在兩側 **SEL 22**（鎖骨下方）。

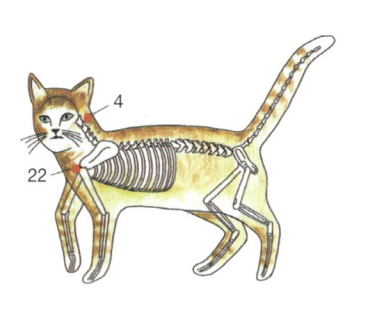

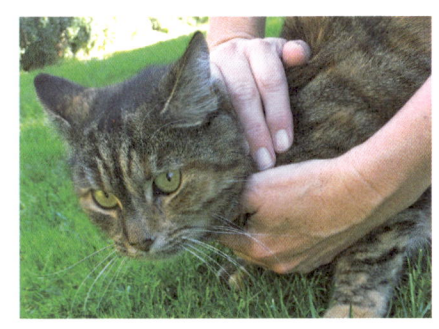

被忽視與受虐待

如果你的貓咪在前一戶人家曾被忽視，可以運用「脾臟能量流」（見第35頁）來平衡這種失衡狀態。

「初始中心調整法」（見第20頁）可幫助貓咪逐漸消除負面體驗。

噪音敏感

如果貓咪對噪音非常敏感，你可一手同時按著 **SEL 22** 和 **SEL 13**，另一手按住 **SEL 17**。

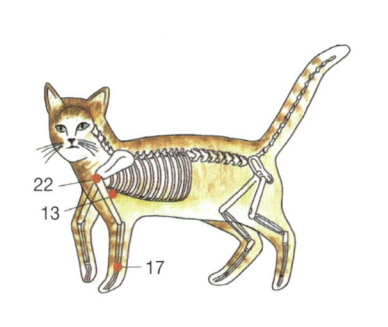

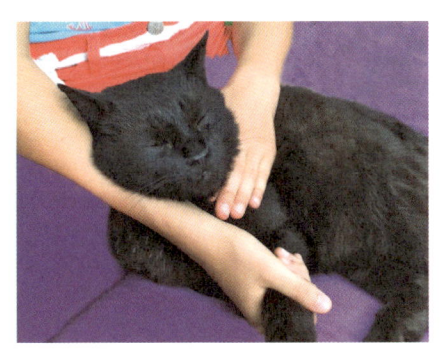

「脾臟能量流」（見第35頁）也可幫助改善各種類型的超敏反應。

14.
受傷與緊急情況

傷口與咬傷
　出血性傷口 ……………………………………… 132
　化膿性傷口 ……………………………………… 132

昆蟲螫傷、異物刺入與荊棘植物刺傷 ………… 132

燒傷 …………………………………………………… 132

腦震盪 ……………………………………………… 133

骨折 ………………………………………………… 133

瘀傷 ………………………………………………… 134

休克 ………………………………………………… 134

中毒 ………………………………………………… 134

中暑與日射病 ……………………………………… 135

窒息與呼吸急促 …………………………………… 135

手術 ………………………………………………… 135

疼痛 ………………………………………………… 136

臨終照護 …………………………………………… 136

貓

傷口與咬傷

出血性傷口

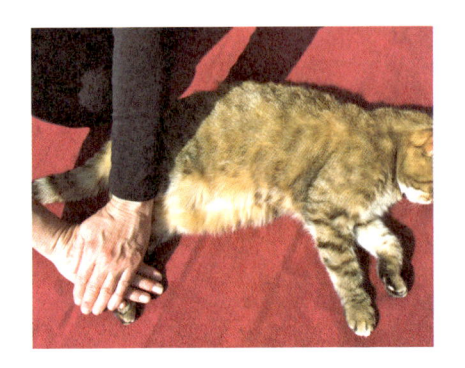

右手放在傷口或敷料上,或稍微蓋住傷口或敷料,左手再疊放在右手上。
先放右手,有助於保留貓咪體內應該留下來的能量。

化膿性傷口

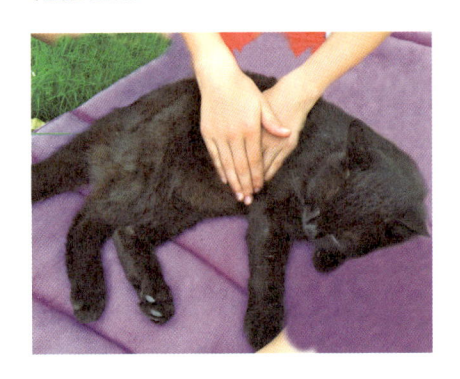

左手放在傷口上或稍微在傷口上方,右手再疊放在左手上。
先放左手,有助於引出貓咪需要排出身體的能量。

重要提醒:不必擔心混淆了左右手,從而導致得到相反的調理效果。調理始終與身體的智慧相連。舉例來說,如果不小心搞錯左右手,身體會自行調整——雖然可能需要比較久的時間才能見效,但不會產生其他問題。

昆蟲螫傷、異物刺入與荊棘植物刺傷

左手放在患部上或稍微蓋住患部,右手再疊放在左手上。

燒傷

雙手交疊,放在患部上,或是稍微蓋住患部。

腦震盪

先按著兩側 **SEL 4**。

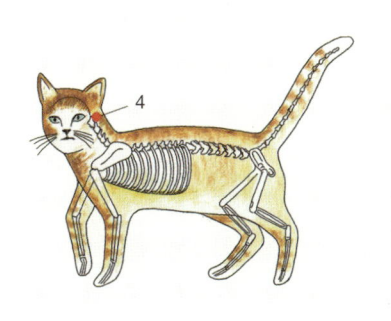

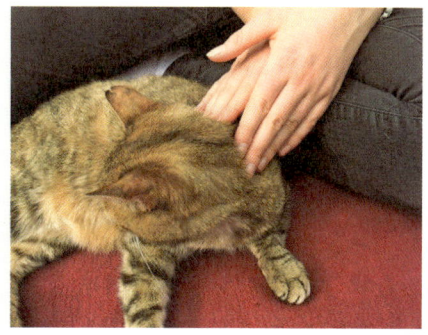

然後握住兩側後腳掌。

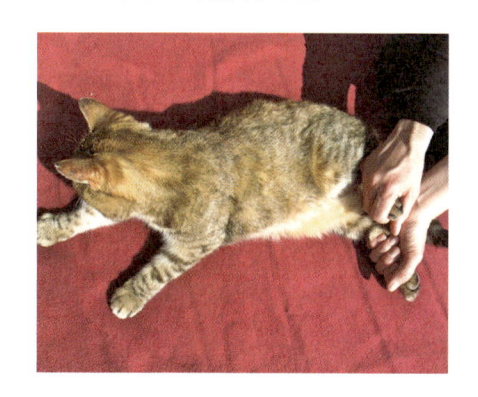

骨折

雙手放在兩側 **SEL 15** 上。
或是，一手放在骨折部位，另一手放在身體同側的 **SEL 15** 上。

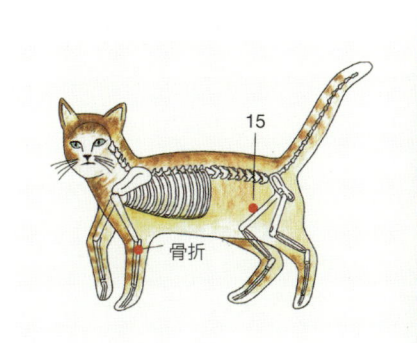

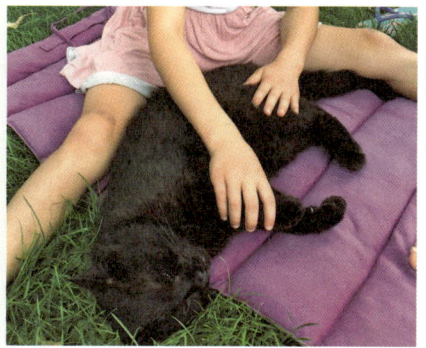

受傷與緊急情況

貓

療傷

右手放在患部，左手疊放在右手上。

休克

休克是危及生命循環系統的疾病，必須立即交由獸醫診治！

休克可能由若干因素引發，例如中暑、受傷造成嚴重失血、打鬥、中毒、過敏、意外事故等等。

休克的貓咪通常很安靜，呼吸急促而淺弱，脈搏加快且微弱。通常粉紅色的黏膜會變得蒼白，而且貓咪會感到涼颼颼。

要立即帶貓咪去看獸醫！同時雙手交叉，調理兩側的 SEL 1。

中毒

遇到中毒，務必立即諮詢獸醫！

急救時，雙手交叉，按著兩側的 SEL 1。

也可以按著 SEL 21 和 SEL 23。

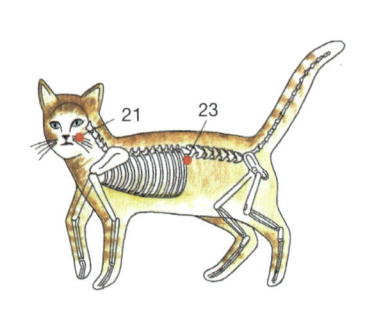

中暑與日射病

重要提醒：千萬不能讓中暑的貓咪快速降溫！

將貓咪移至陰涼處，用濕布輕輕擦拭皮毛。讓貓咪喝水，或滴幾滴水到貓咪的舌頭上。

太多日照或熱氣的急救手法是：

按著兩側的 **SEL 4**（見第133頁），然後按著兩側的 **SEL 7**（位置見第17頁圖）。

窒息與呼吸急促

按著兩側的 **SEL 1**。

或是，按著 **SEL 1**，搭配 **SEL 2**。

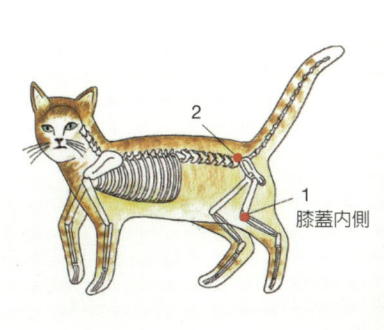

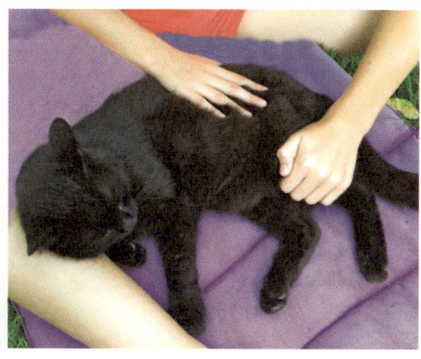

膝蓋內側

手術

在手術之前和之後，都按著兩側的 **SEL 15**。

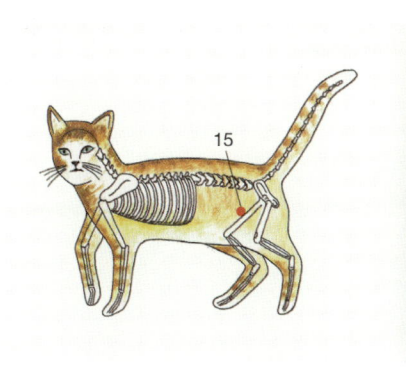

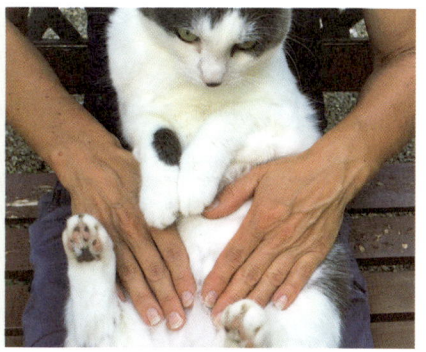

受傷與緊急情況

135

貓

> 疼痛

同時按住 **SEL 5** 和 **SEL 16**，可緩解各種疼痛。

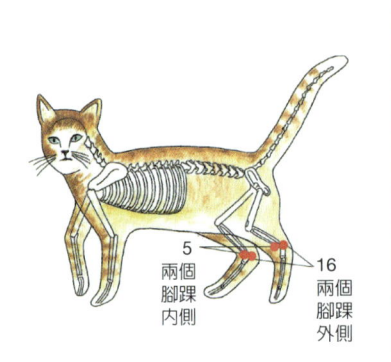

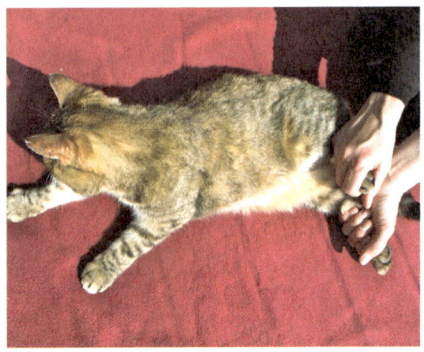

5
兩個腳踝內側

16
兩個腳踝外側

> 臨終照護

假使你的貓咪即將離世，可以按著 **SEL 4**，搭配 **SEL 13**，幫助貓寶貝平靜離世。

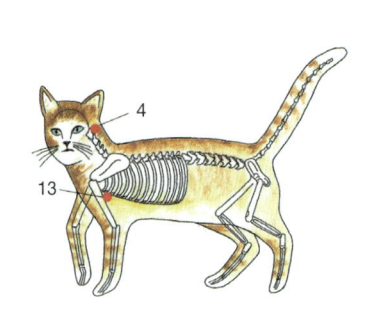

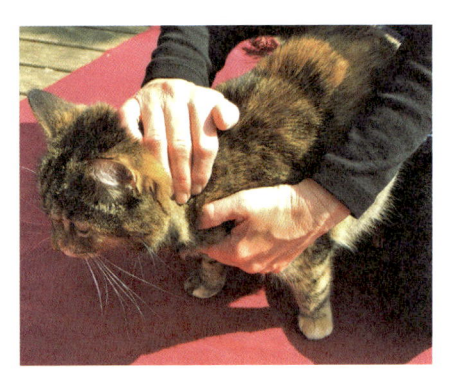

針對所有過渡變遷，**SEL 4** 都很重要。據說它可以拯救尚未來到生命終點的貓咪，也能幫忙已經走到生命盡頭的貓咪平靜離世。

15. 其他問題

如廁訓練 138

衛生習慣不足 138

調和藥物的副作用 138

緩解疫苗反應 139

> 如廁訓練

施作「膀胱能量流」（見第48頁）。

> 衛生習慣不足

如果你的貓咪不太在乎自身是否乾淨整潔，你可一手放在貓寶貝的後頸，按著兩側的 SEL 12，另一手放在尾椎骨（尾巴根部）上。

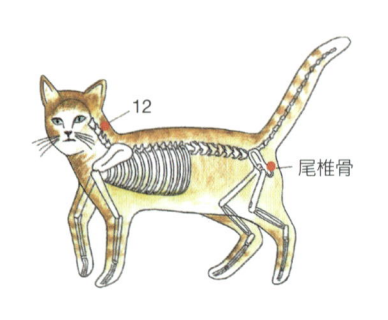

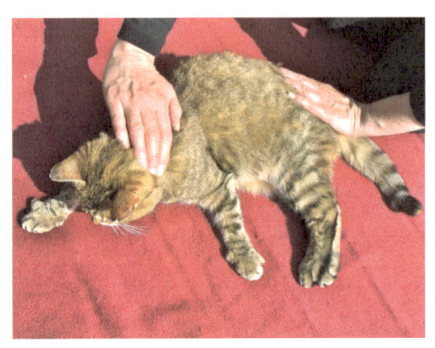

> 調和藥物的副作用

若要減輕藥物的副作用，先針對身體一側，調理 SEL 21 和 SEL 23，然後再調理身體另一側的 SEL 21 和 SEL 23。

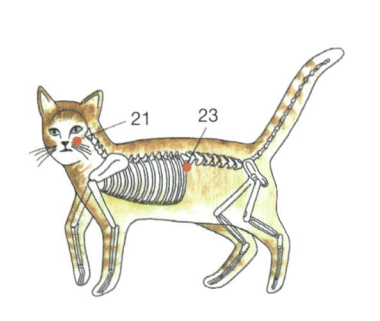

按著兩側的 SEL 22。
或是，按著 SEL 22，搭配 SEL 23。

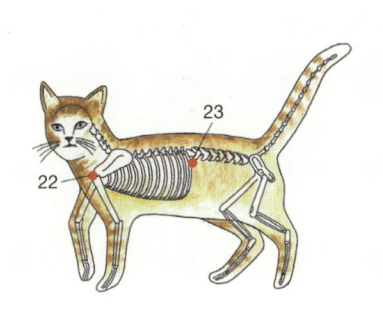

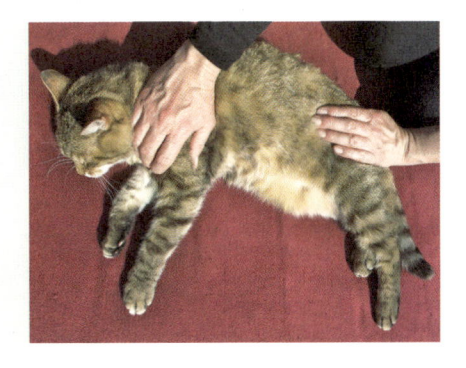

緩解疫苗反應

施作「脾臟能量流」（見第35頁），或是調理 SEL 23 和 SEL 25。

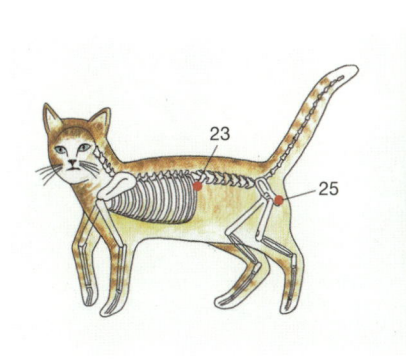

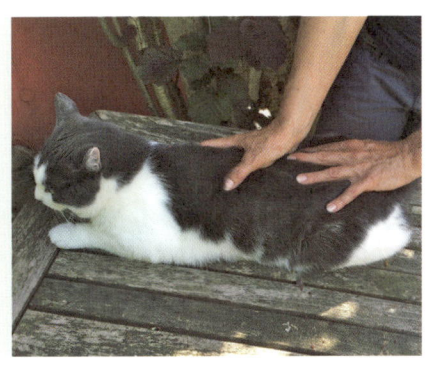

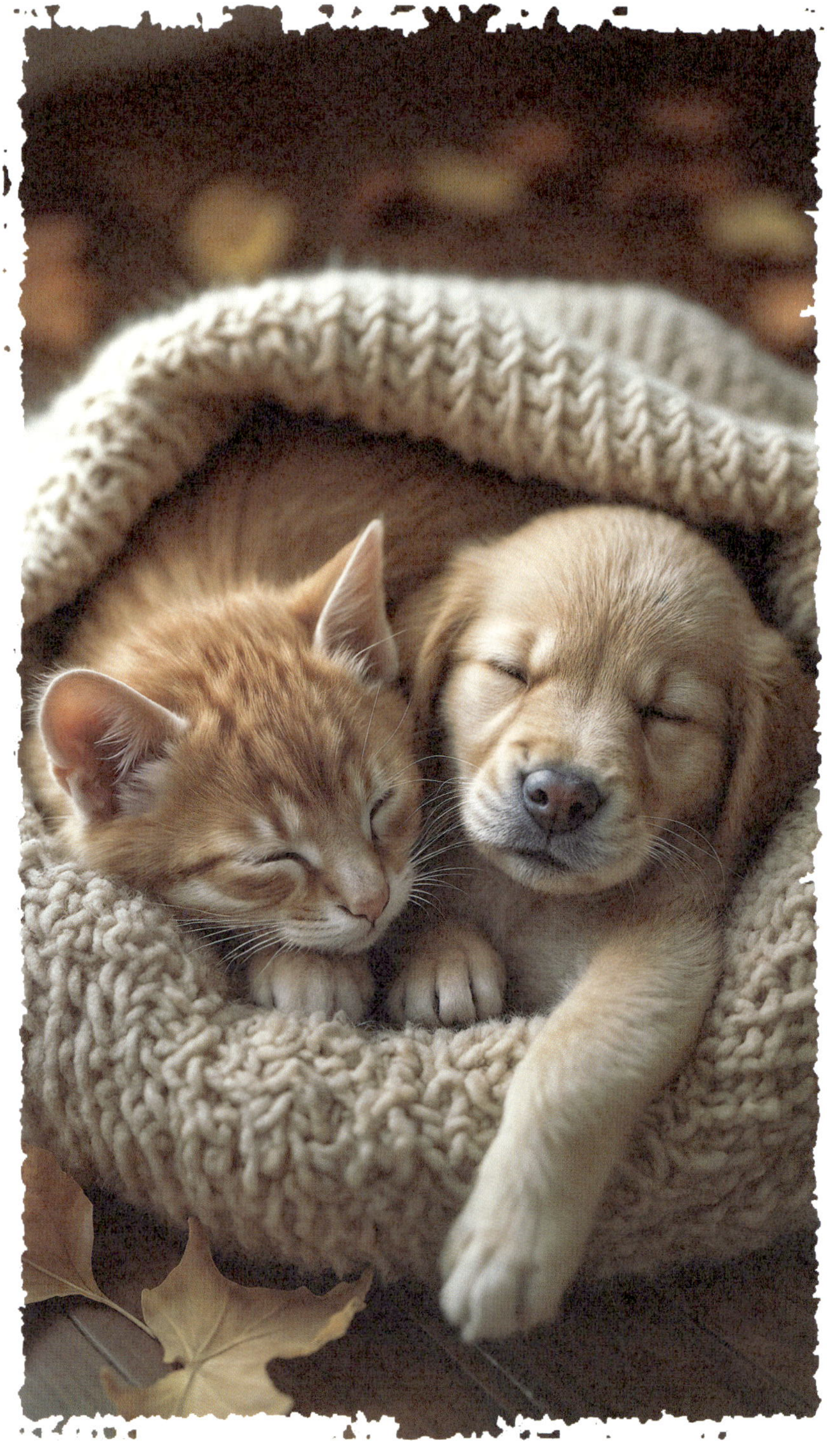

第三部
適合狗狗的仁神觸療法

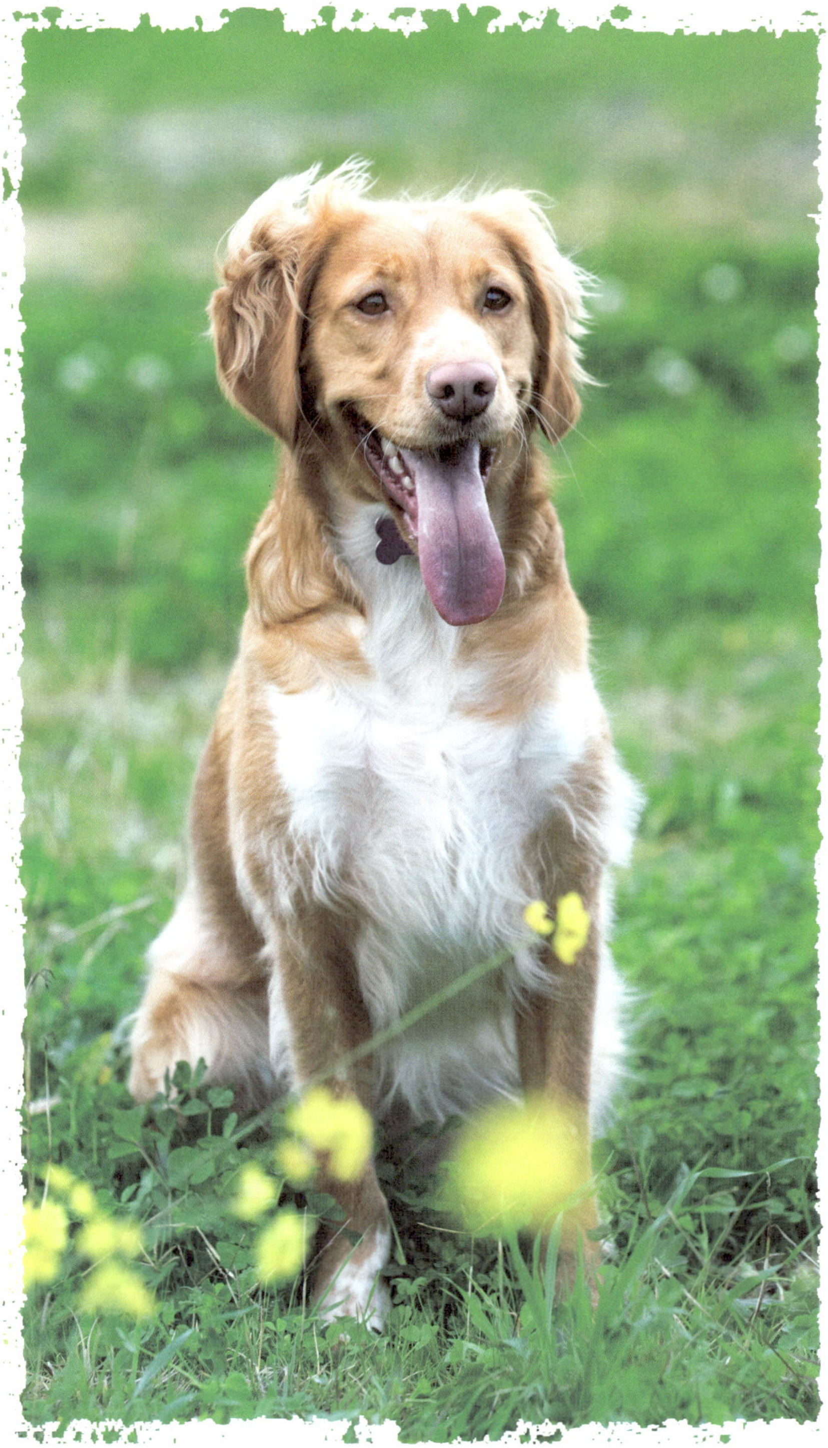

1. 頭部

眼睛
- 改善視力 ... 144
- 眼部感染（結膜炎） ... 145
- 眼內異物 ... 145
- 淚管堵塞 ... 146
- 瞬膜問題 ... 146

耳朵
- 聽力 ... 147
- 耳部感染 ... 148
- 耳蟎 ... 150
- 耳部濕疹 ... 150

口腔與牙齒
- 換牙 ... 151
- 蛀牙 ... 152
- 牙齦問題 ... 152
- 口臭（口腔異味） ... 152
- 嘴唇褶皺濕疹（皮膚炎） ... 153
- 口腔潰爛（感染性口腔炎） ... 153

腦
- 腦膜炎 ... 154
- 中風 ... 155

狗

眼睛

以下手法適用於狗狗所有眼部問題（眼睛發炎、針眼、視力缺陷等等），或是適用於眼睛的整體強化：

一手放在額頭上，稍微高於眼睛患部的位置（SEL 20），另一手放在身體另一側頭骨下方頸部的位置（SEL 4）。

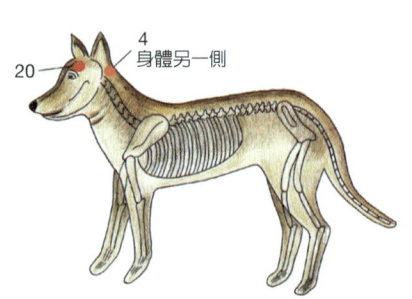

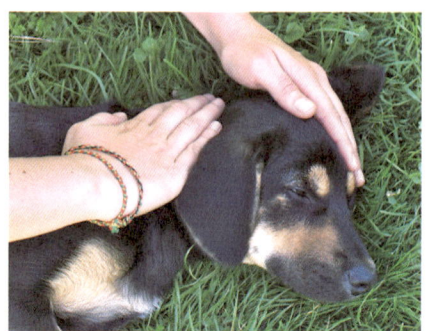

改善視力

除了上述手法，你也可以一手放在頸部（兩側SEL 4之間），另一手放在胸骨（SEL 13）。

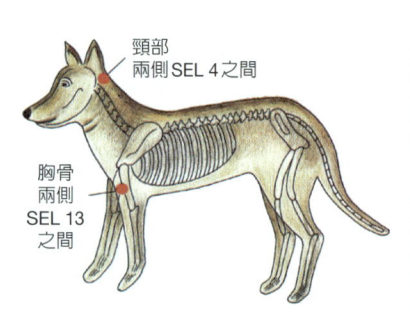

一手放在眼睛患部那一側的鎖骨下方（**SEL 22**），另一手放在身體另一側頭骨下方頸部的位置（**SEL 4**）。

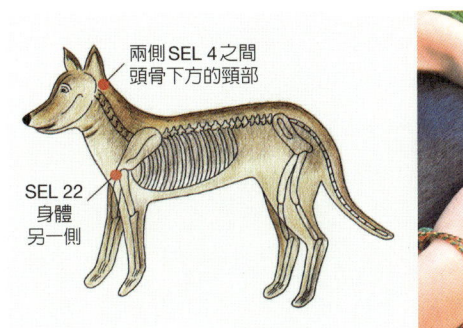

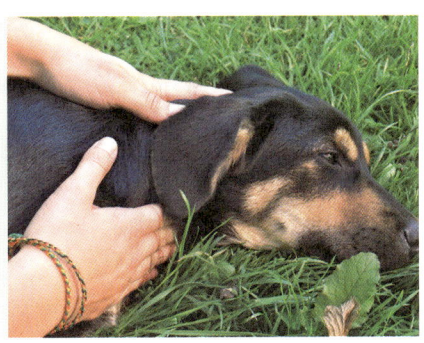

眼部感染（結膜炎）

見所有眼部問題的常用手法（第144頁）。

眼內異物

左手輕輕放在眼睛患部上或稍微蓋住患部，然後右手疊放在左手上。

或是，雙手分別按著兩側的 **SEL 1**（後腿膝蓋內側）。

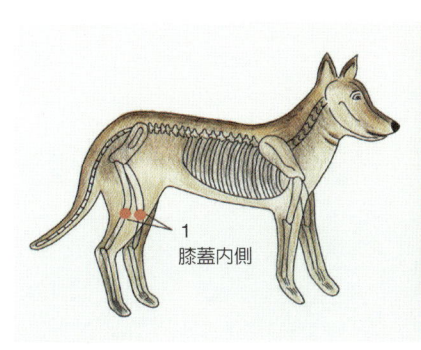

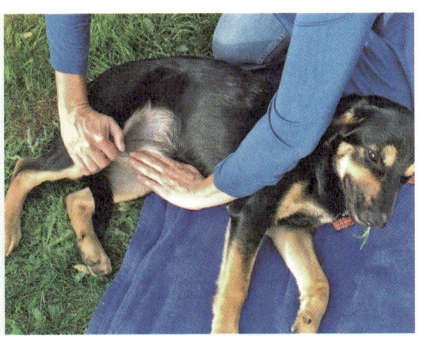

淚管堵塞

狗狗外眼部沒有明顯的變化,單側或雙側眼睛卻長時間流淚,可能是由於淚管堵塞之故。

若要重新疏通淚管,可一手放在後頸兩側 **SEL 12** 之間,另一手放在尾椎骨。

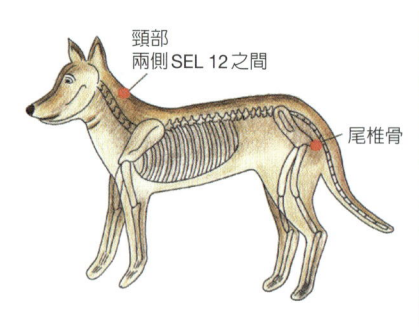

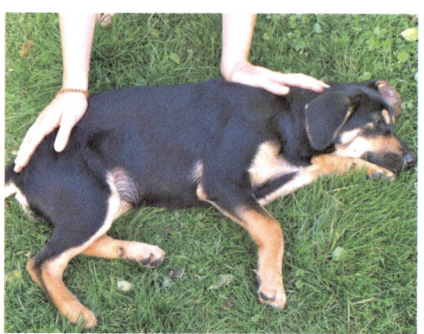

瞬膜問題

某些犬種由於嘴唇厚且下垂,例如大丹犬或拳師犬,時常罹患瞬膜軟骨內翻或瞬膜腺體腫脹,從而導致結膜炎。這是由於眼睛周圍的結締組織鬆弛所引起。

以下手法可幫助強化結締組織:

一手放在後腿腳踝外側(**SEL 16**),另一手放在坐骨下方的臀部(**SEL 25**)──兩手皆放在患部那一側。

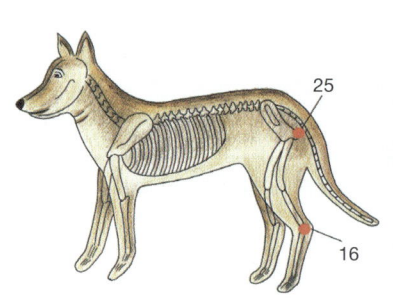

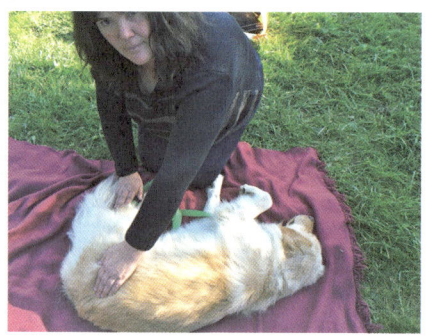

> 耳朵

「膀胱能量流」（見第48頁）對與耳朵和聽覺有關的一切問題，具有輔助及調和效用。

如需快速調理，可以一手放在頸部（兩側 SEL 12 之間），另一手放在尾椎骨。

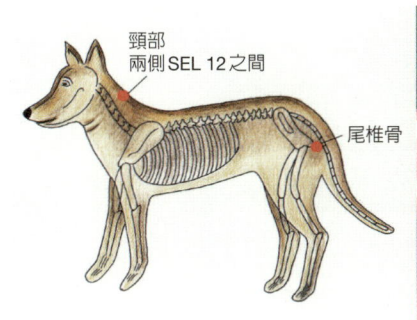

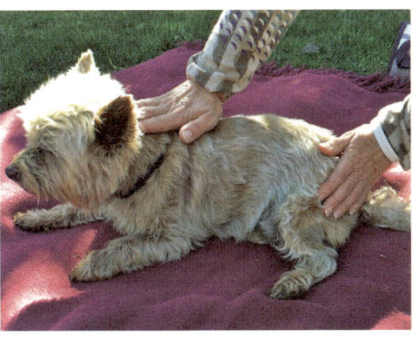

頸部
兩側 SEL 12 之間

尾椎骨

聽力

如果狗狗的聽力受損，除了上述手法外，還可以按著兩側的 SEL 5（後腳掌的腳踝內側）。

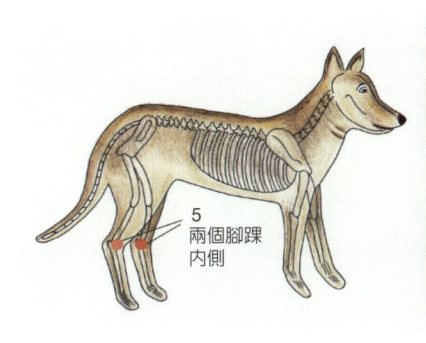

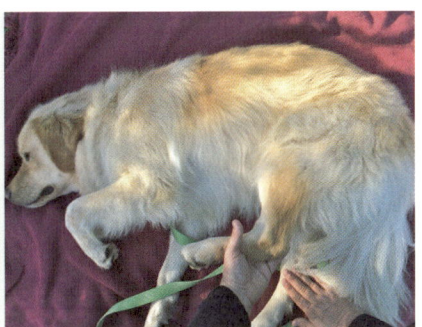

5
兩個腳踝
內側

頭部

147

狗

或是，你可以一手放在恥骨上，另一手放在與耳朵患部同側的後腳掌小趾區。

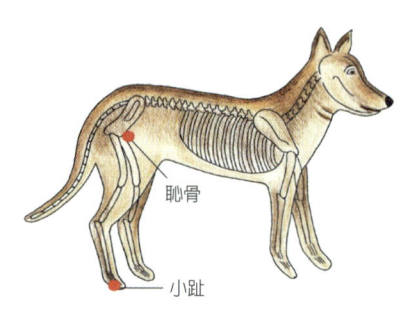

耳部感染

針對耳部感染，若要緩解疼痛，可按住後腿腳踝的內側和外側（SEL 5 和 SEL 16）。

你可以先調理狗狗身體的一側，再調理另一側。或是兩手分別同時按住兩腳的 SEL 5 和 SEL 16，同時調理兩側。

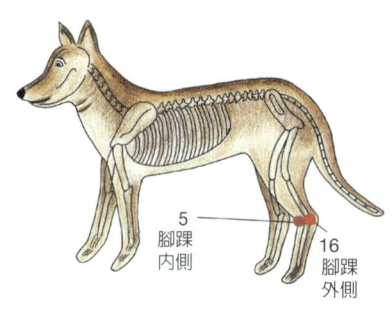

一手放在耳朵患部同側的 **SEL 13**，另一手放在 **SEL 25**。

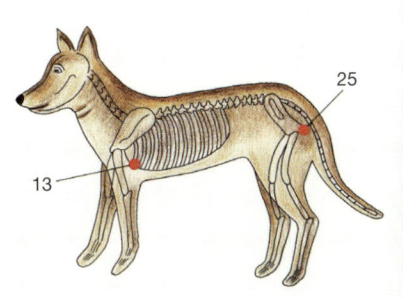

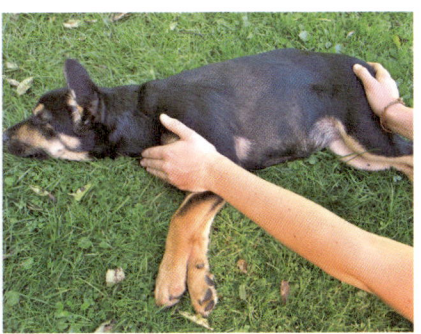

左手放在耳朵患部上或稍微蓋住患部，然後右手疊放在左手上。

狗

耳蟎

如果你的狗狗反覆感染耳蟎，可使用「寄生蟲手法」：
按著兩側的 SEL 19（肘彎處）。

或是，一手放在耳朵患部同側的 SEL 19，另一手放在身體另一側的 SEL 1。

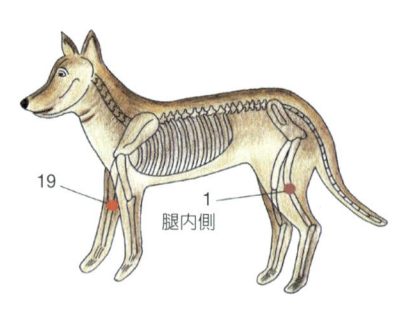

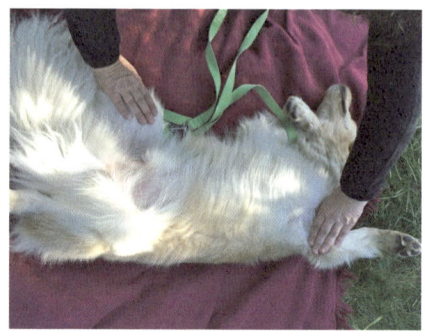

耳部濕疹

耳部濕疹通常是慢性問題，可以用「脾臟能量流」（見第35頁）好好調和。

脾臟能量流很適合調理皮膚，它是所有真菌性疾病的首選能量流。耳部濕疹往往也涉及真菌細胞感染。

口腔與牙齒

「胃能量流」（見第39頁）或胃能量流簡化版（見第47頁，如果你覺得施作完整的胃能量流太耗時），都適用於與口腔和牙齒相關的一切問題。

換牙

不僅狗寶寶有這類問題，幼犬在乳牙更換為恆牙的過程中，也可能感到不適。

首先，一手同時按住 SEL 5 和 SEL 16，另一手放在小腿肚上。然後，一手持續按著 SEL 5 和 SEL 16，另一手放在 SEL 25（尾椎骨）。

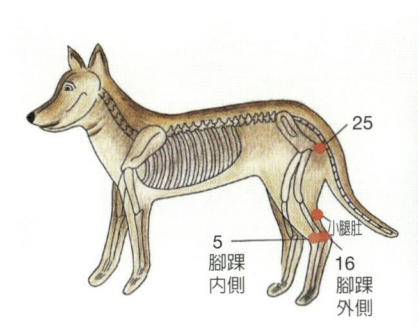

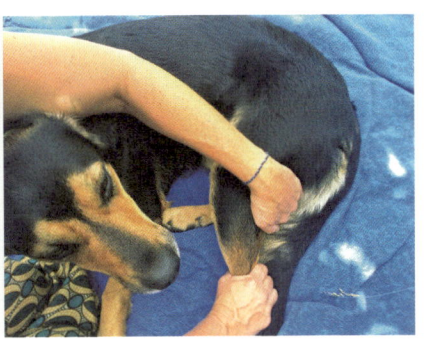

針對小型犬，你可以一手同時按著 SEL 16 和小腿肚，另一手按著 SEL 25（尾椎骨）。

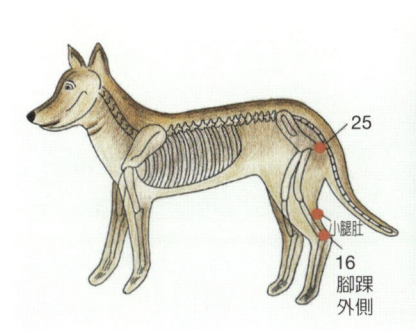

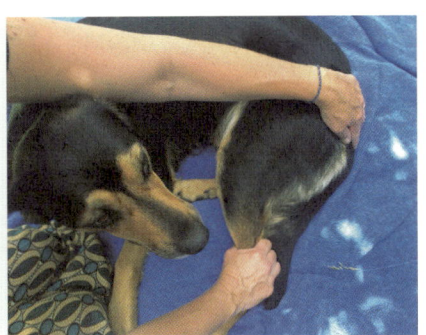

狗

蛀牙

狗狗比人類更不喜歡看牙醫，因此預防蛀牙非常重要。健康的飲食在此扮演關鍵角色。千萬別餵狗狗吃糖果、蛋糕或掉到桌下的任何食物。專業商店有販售適合狗狗牙齒保健的健康咀嚼產品。

預防蛀牙的調理方法有：經常施作「胃能量流」（見第39頁）。或是，按著 SEL 16，搭配低 SEL 8（約在 SEL 8 下方距離一腳掌寬的位置）。

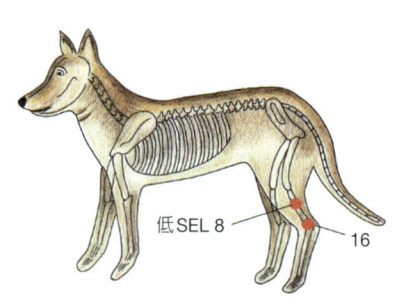

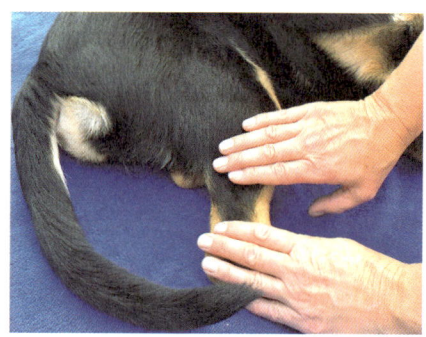

牙齦問題

假使牙齦發炎或需要強化牙齦，可一手按住 SEL 5 和 SEL 16，另一手放在低 SEL 8 上。

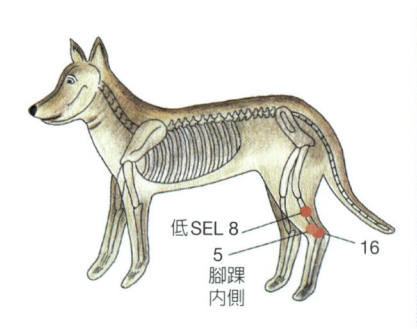

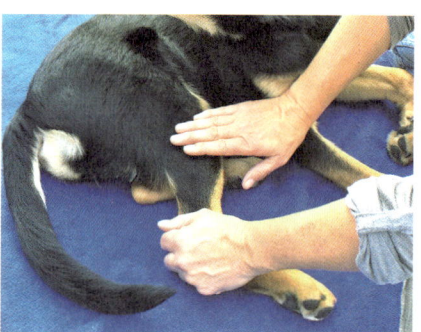

或是施作「胃能量流」的手法。

口臭（口腔異味）

狗狗的口鼻部散發異味，可能有幾個不同的原因，例如不當餵食、胃部問題、牙齒問題、骨盆濕疹或新陳代謝失調。

152 | JIN SHIN FOR CATS AND DOGS

此時適合施作「胃能量流」（見第39頁）。它可調節消化，改善與口腔和牙齒相關的一切問題。

若要調和新陳代謝，可按著 SEL 25，搭配 SEL 11。

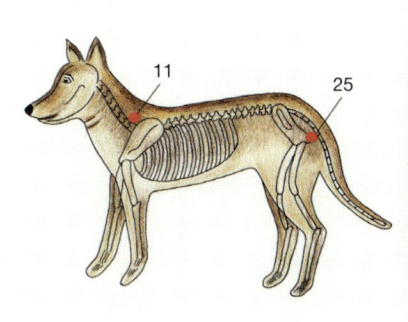

嘴唇褶皺濕疹（皮膚炎）

嘴唇褶皺濕疹或嘴唇褶皺皮膚炎，是由於細菌和真菌積累在唇部的皮膚皺褶內，從而引起發炎，通常會散發出極其難聞的氣味。宜細心護理狗狗唇部的皮膚皺褶。進食後需清潔該部位，同時始終讓裝盛食物的碗保持清潔，因為細菌很容易在碗內滋生，於是造成狗狗發炎。

調理法：可按著 SEL 3 緩解發炎，最好搭配 SEL 15。

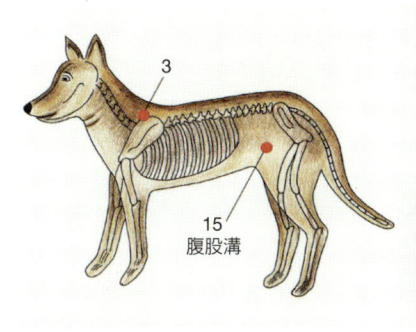

口腔潰爛（感染性口腔炎）

可施作「胃能量流」（見第39頁），或是「胃能量流快速調理法」（見第47頁）。

狗

腦

腦膜炎

腦膜炎絕不可掉以輕心,這是危及生命的嚴重疾病。
不過,在醫藥治療的同時,可輔以仁神術的能量流法:
一手按住 SEL 5 和 SEL 16,另一手按著 SEL 7。

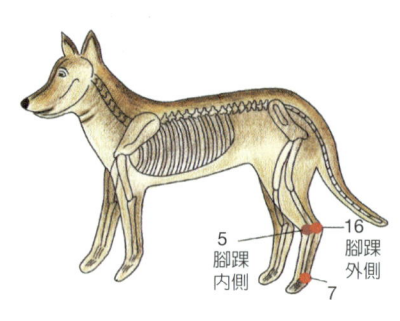

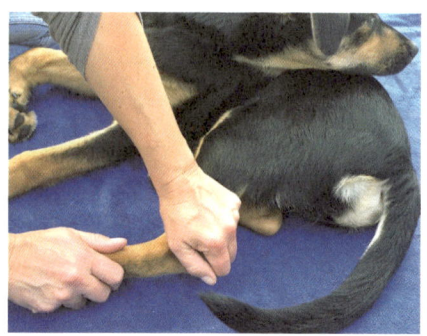

然後將放在 SEL 7 的那隻手移至 SEL 3。
先調理身體的一側,再調理另一側。

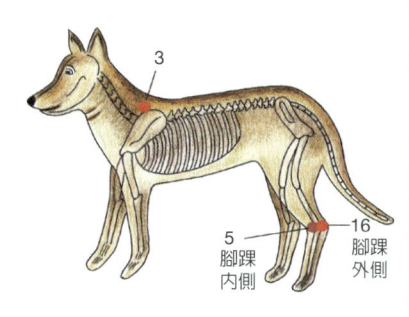

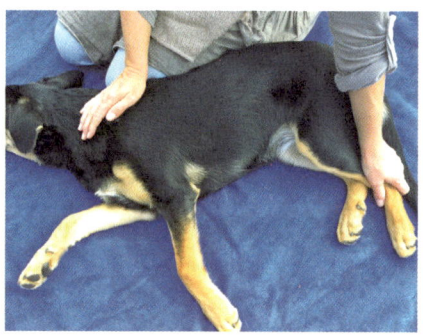

中風

每天施作「腳掌能量流」（見第22頁）。

若要在狗狗中風後輔助調理，則盡可能頻繁地按著兩側 SEL 7。或是，按著 SEL 7，搭配 SEL 6。

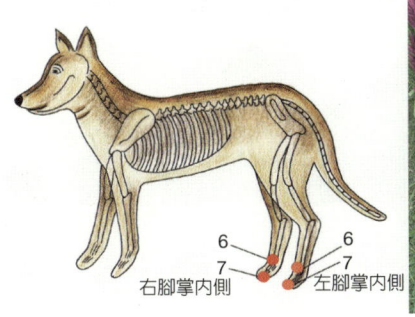

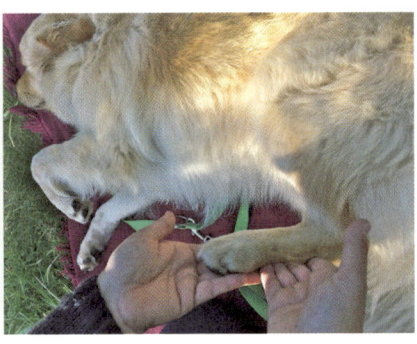

右腳掌內側　左腳掌內側

針對患部對側，依照下列順序按著安全能量鎖：
SEL 5 和 SEL 16。

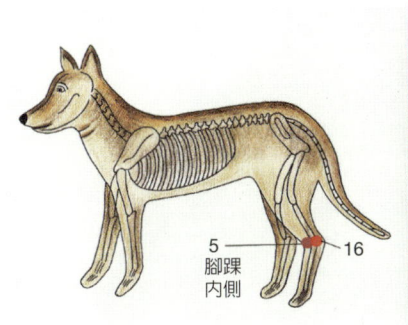

5 腳踝內側　16

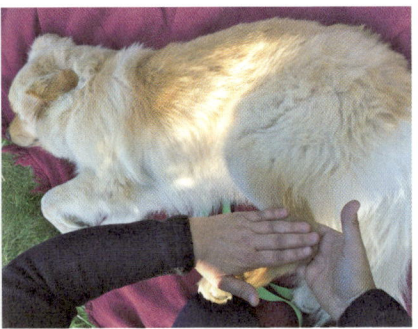

SEL 5 和 SEL 15。

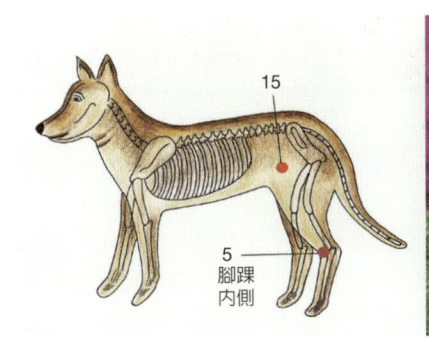

15

5 腳踝內側

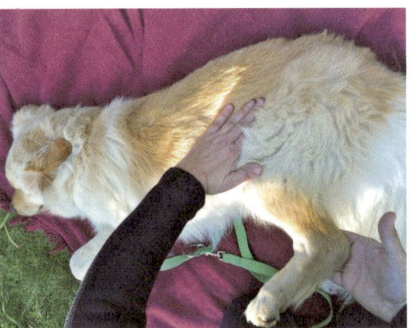

狗

SEL 5 和 SEL 23。

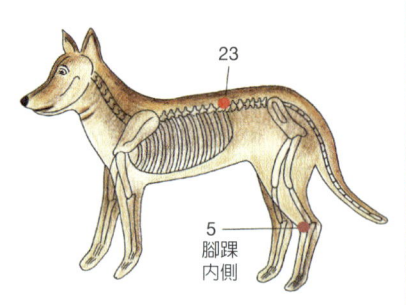

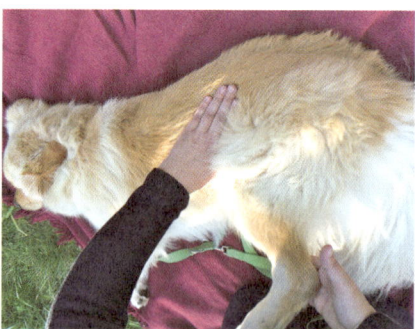

23

5
腳踝
內側

2.
呼吸系統

上呼吸道
　感冒 158
　鼻竇感染（鼻竇炎）................................. 159

咽喉
　咽喉感染（咽喉炎）................................. 160
　喉炎性卡他 160

下呼吸道
　咳嗽與支氣管感冒（支氣管炎）............ 161
　乾咳 161
　肺部感染（肺炎）..................................... 162

狗

上呼吸道

感冒
一手放在 SEL 3，另一手放在 SEL 11。

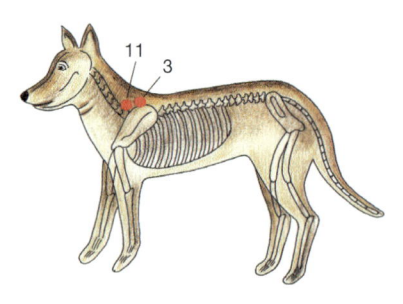

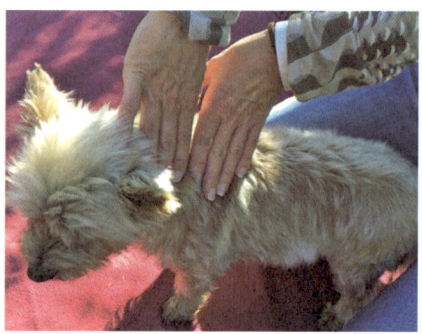

或是，按著兩側的 SEL 21。

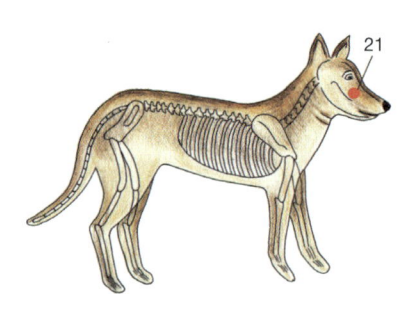

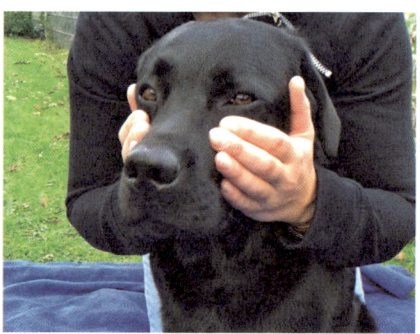

鼻竇感染（鼻竇炎）

　　按著 SEL 21，搭配 SEL 22。

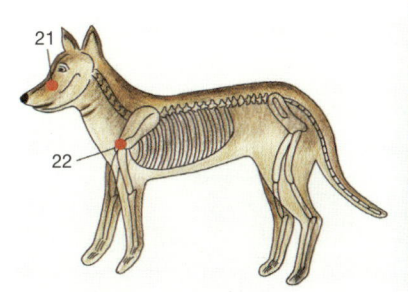

　　或是，一手放在 SEL 11，另一手握住身體另一側前腳掌的第二趾。

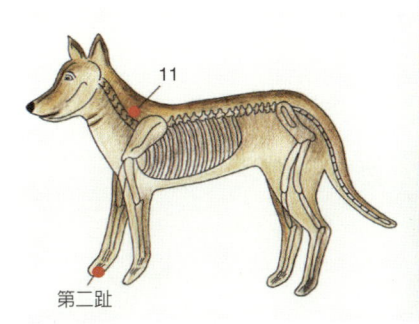

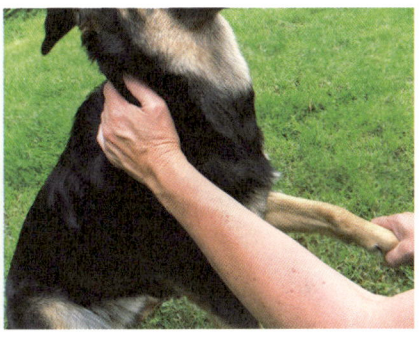

　　或是，施作「初始中心調整法」（見第20頁），按著 SEL 10，搭配 SEL 13。

狗

咽喉

咽喉感染（咽喉炎）

一手放在 SEL 11，另一手握住身體另一側前腳掌的第二趾（見第159頁）。

或是，一手放在 SEL 11，另一手放在身體另一側的 SEL 13。

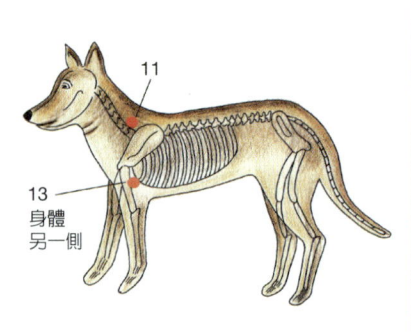

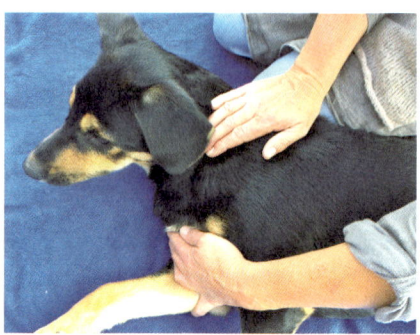

喉炎性卡他

見「咽喉感染（咽喉炎）」。

或是，一手放在 SEL 10，另一手放在 SEL 19（肘彎處）。

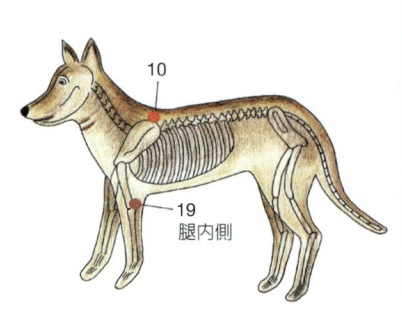

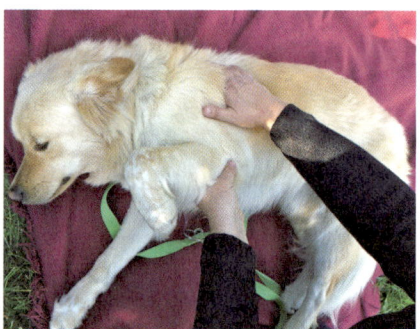

下呼吸道

咳嗽與支氣管感冒（支氣管炎）
一手放在 **SEL 10**，另一手放在 **SEL 19**（見第160頁下）。
或是，按著 **SEL 14**，搭配 **SEL 22**。

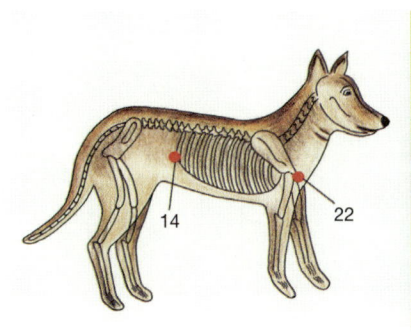

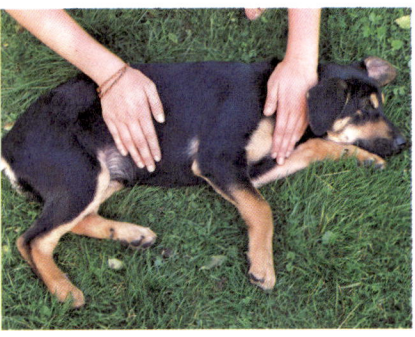

「初始中心調整法」（**SEL 10** 和 **SEL 13**）也有助於緩解咳嗽和支氣管炎。

乾咳
若要特別緩解乾咳，雙手稍微斜放在兩側 **SEL 19** 上方的位置（位於前腿內側）。

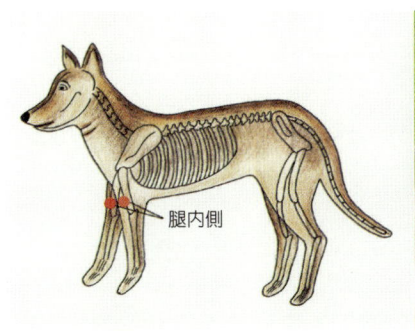

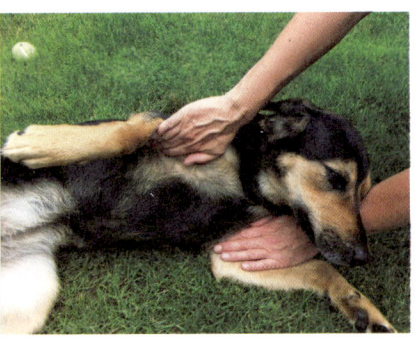

腿內側

呼吸系統

161

狗

肺部感染（肺炎）

若要強化肺部，按著 SEL 14，搭配 SEL 22（見第161頁）。
或是，按著 SEL 3（俗稱抗生素點），搭配 SEL 15。

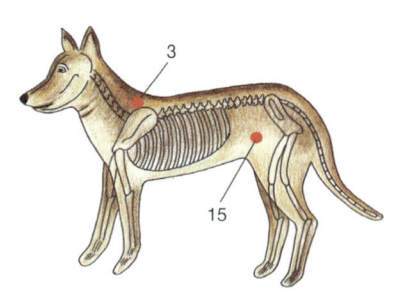

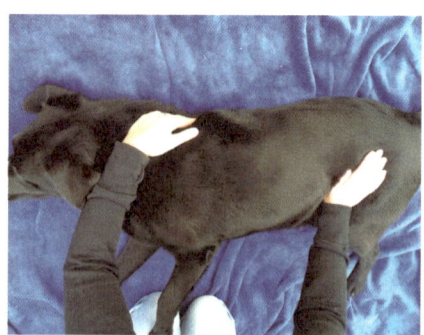

3.
消化器官

胃
    胃痛與絞痛 ……………………………………………… 164
    嘔吐 …………………………………………………………… 165
    胃扭轉（胃扭結）………………………………………… 165
    食慾不振 ……………………………………………………… 166
    體重減輕 ……………………………………………………… 166

胰臟與脾臟 ………………………………………………………… 167

腸
    便祕 …………………………………………………………… 168
    腹瀉 …………………………………………………………… 168
    腸絞痛 ………………………………………………………… 169
    腸道寄生蟲 …………………………………………………… 169
    肛門腺阻塞 …………………………………………………… 170
    痔瘡與肛裂 …………………………………………………… 170

肝臟 ………………………………………………………………… 171

狗

胃

「胃能量流」（見第39頁）適用於所有與胃相關的問題。

胃痛與絞痛

若要緩解胃絞痛，可將雙手放在兩側 SEL 1（位於後腿膝關節內側）。

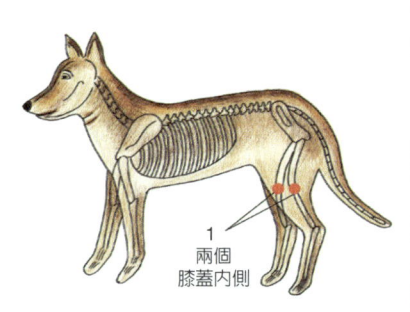

1
兩個
膝蓋內側

或是，按著高 SEL 1（約在 SEL 1 上方距離一腳掌寬的位置），搭配低 SEL 8（約在 SEL 8 下方距離一腳掌寬的位置）。

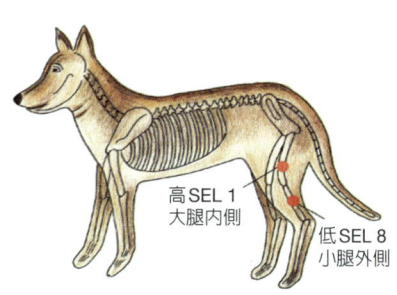

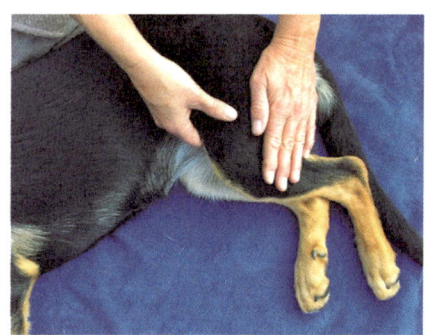

高 SEL 1
大腿內側

低 SEL 8
小腿外側

嘔吐

按著兩側的 SEL 1。
或是，一手放在 SEL 1，另一手放在 SEL 14。

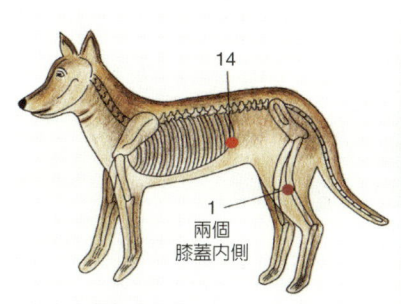

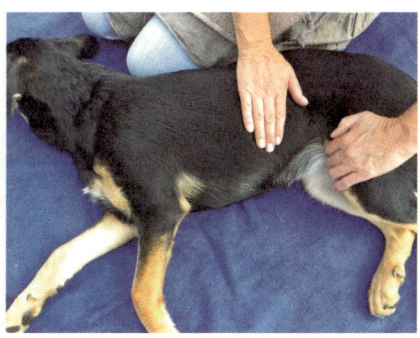

14
1
兩個
膝蓋內側

胃扭轉（胃扭結）

　　胃扭結較常見於大型犬種，尤其是大丹犬、牧羊犬、塞特犬、聖伯納犬，不過其他犬種也可能會發生。

　　結締組織不夠緊可能會削弱內臟的懸吊系統，假使胃的狀況如此，可能就會由於氣體積聚等因素而「旋轉」。遇到這類情況，手術是唯一的治療法。

　　此外，在手術前、後，若要輔助你的愛犬，可以按著兩側的 SEL 15。
或是，按著 SEL 15，搭配 SEL 11。

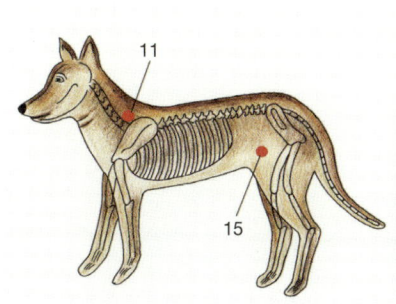

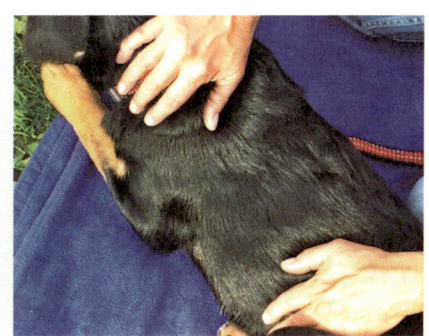

消化器官

165

狗

若要預防胃扭結（或是手術後促進復原），可經常施作「脾臟能量流」（見第35頁）。脾臟能量流有助於保持內臟在正確的位置。

若要強化結締組織，可經常按著 SEL 16，搭配 SEL 25。

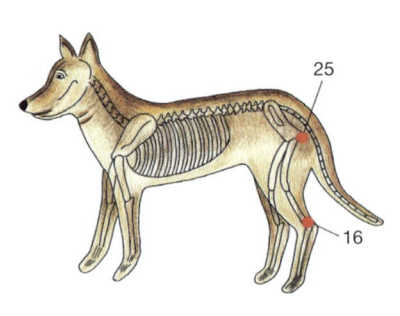

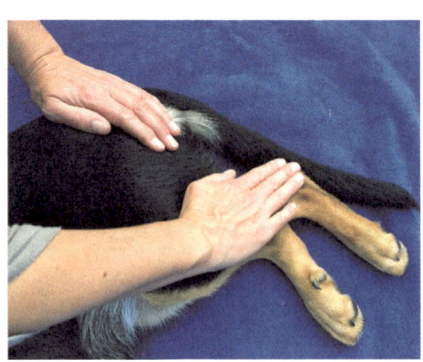

食慾不振

「脾臟能量流」（見第35頁）可調和所有飲食行為，包括食慾不振、拒絕食物、增加食慾、食慾無法滿足、亂吃垃圾等等。

「胃能量流」（見第39頁）也可幫助平衡食慾與體重。

體重減輕

「胃能量流」（見第39頁）和「脾臟能量流」（見第35頁）同樣適用於體重減輕。

要記住，腸道寄生蟲（體重減輕，但食慾和進食行為正常，見第169頁）或甲狀腺疾病也可能是狗狗體重減輕的原因。

胰臟與脾臟

若要強化胰臟，則按著兩側的 SEL 14。

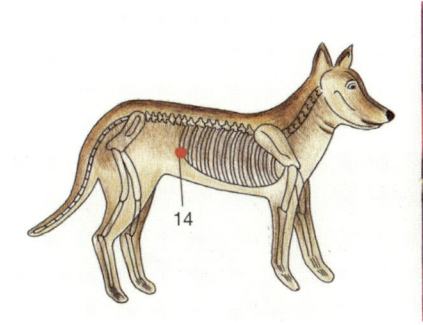

或是，一手放在 SEL 14，另一手放在身體另一側的高 SEL 1（約在 SEL 1 上方距離一腳掌寬的位置）。

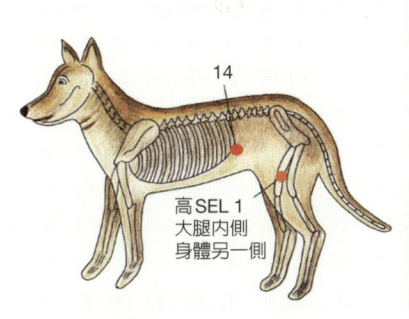

高 SEL 1
大腿內側
身體另一側

若要強化與輔助脾臟，可施作「脾臟能量流」（見第35頁）。
脾臟能量流也可輔助胰臟。

狗

腸

便祕

　　除非涉及嚴重的疾病，否則狗狗便祕的原因往往是運動不足或飲食沒變化。此外，要確保你的狗寶貝隨時有新鮮的飲用水。

　　若要清除腸道堵塞，則按著兩側的 **SEL 1**（見第217頁）。或是，一手放在前腳掌的第二趾，另一手放在身體另一側的 **SEL 11**。

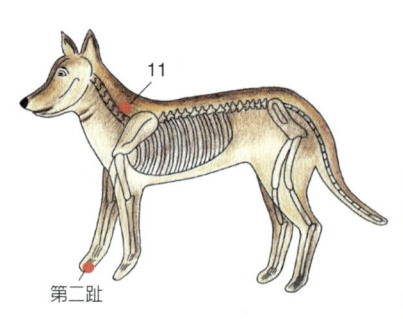

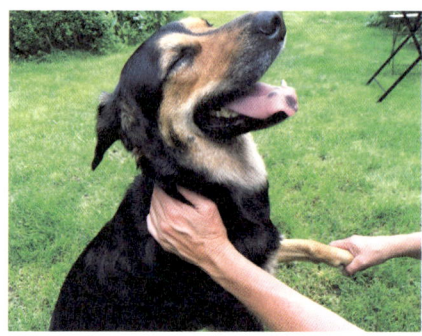

腹瀉

　　腹瀉可能有若干原因。如果調理一天之後仍未改善，以及/或是狗狗的整體狀況變差，務必請獸醫好好檢查。

　　調理法：按著兩側的 **SEL 8**。

　　或是，一手放在右側 **SEL 8**，另一手放在右側高 **SEL 1**（約在 **SEL 1** 上方距離一腳掌寬的位置）。

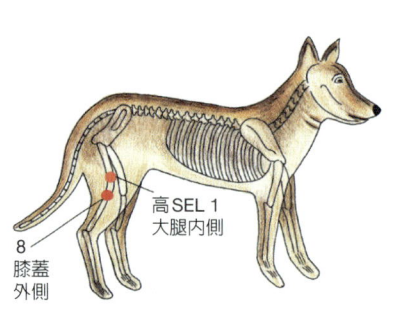

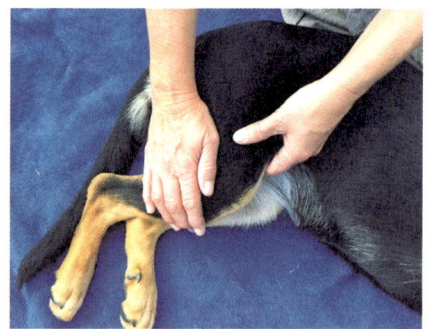

腸絞痛

若要舒緩腸道不適,可一手放在 SEL 1,另一手放在身體另一側的高 SEL 19。

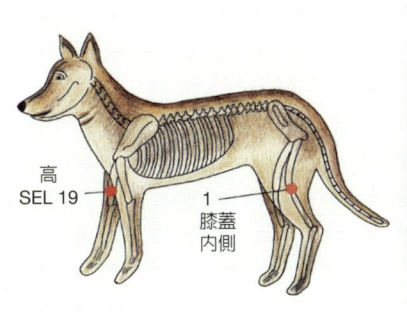

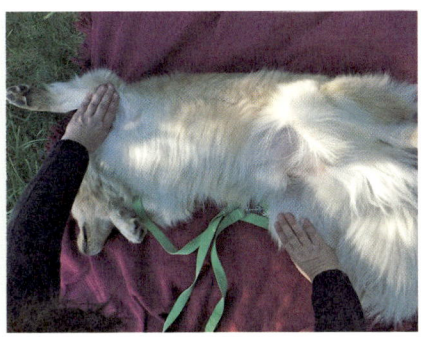

腸道寄生蟲

如果狗狗老是有寄生蟲問題,可經常按著兩側的 SEL 19。

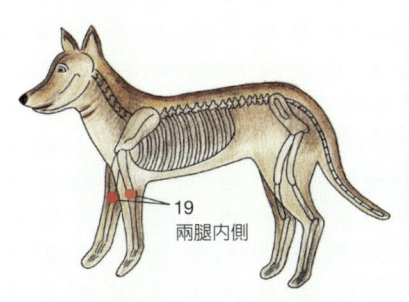

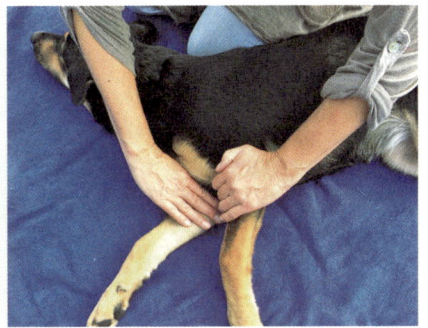

或是,先按著身體一側的 SEL 3,搭配 SEL 19,再換到身體另一側,同樣按著 SEL 3,搭配 SEL 19。

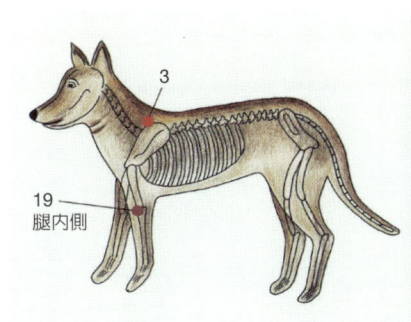

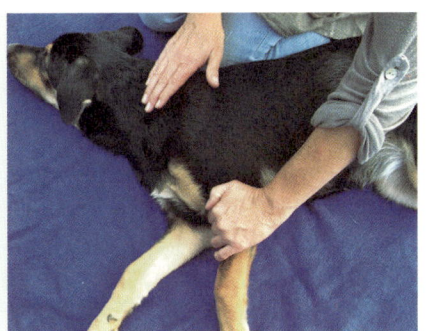

消化器官

狗

肛門腺阻塞

一手放在頸部中段,蓋住兩側 **SEL 12**,另一手放在尾椎骨。

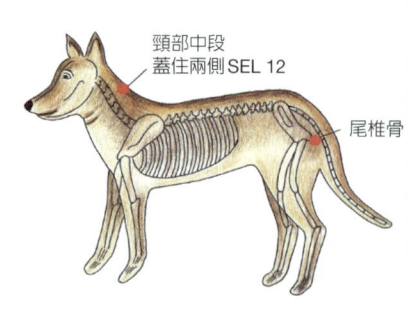

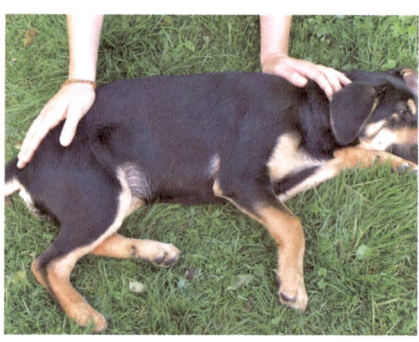

頸部中段
蓋住兩側 SEL 12

尾椎骨

痔瘡與肛裂

一手放在肛門區,另一手放在 **SEL 8**。
或是,按著 **SEL 14**,搭配 **SEL 15**。

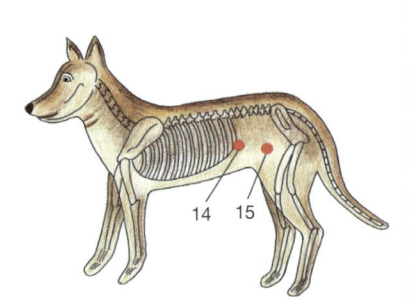

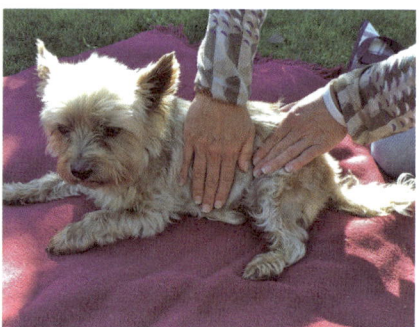

14　15

肝臟

若要強化肝臟，可一手放在左側 SEL 4，另一手放在左側 SEL 22。

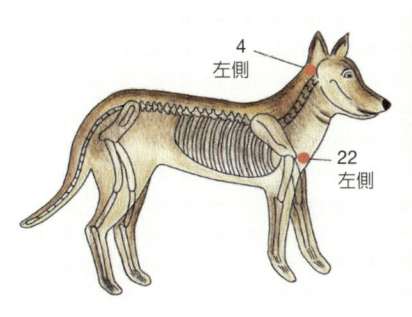

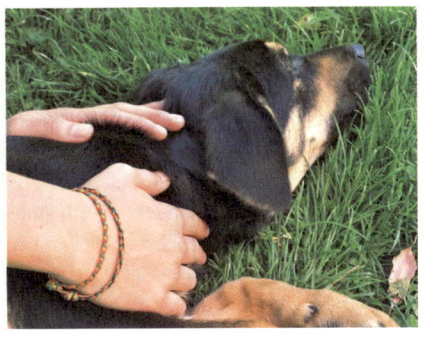

若要排毒，則一手放在 SEL 12，另一手放在 SEL 14。

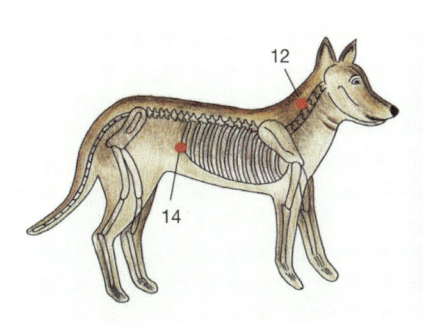

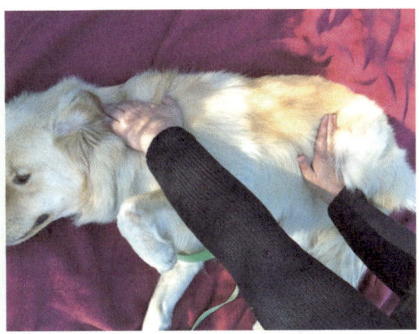

或是，按著 SEL 23，搭配 SEL 25。

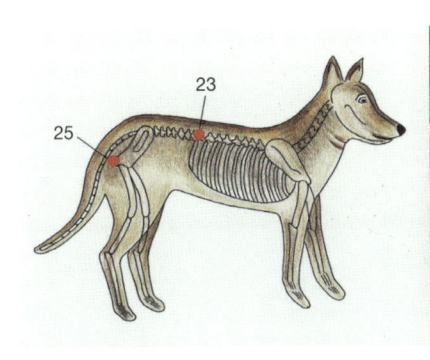

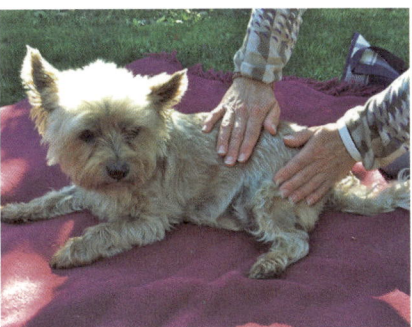

消化器官

171

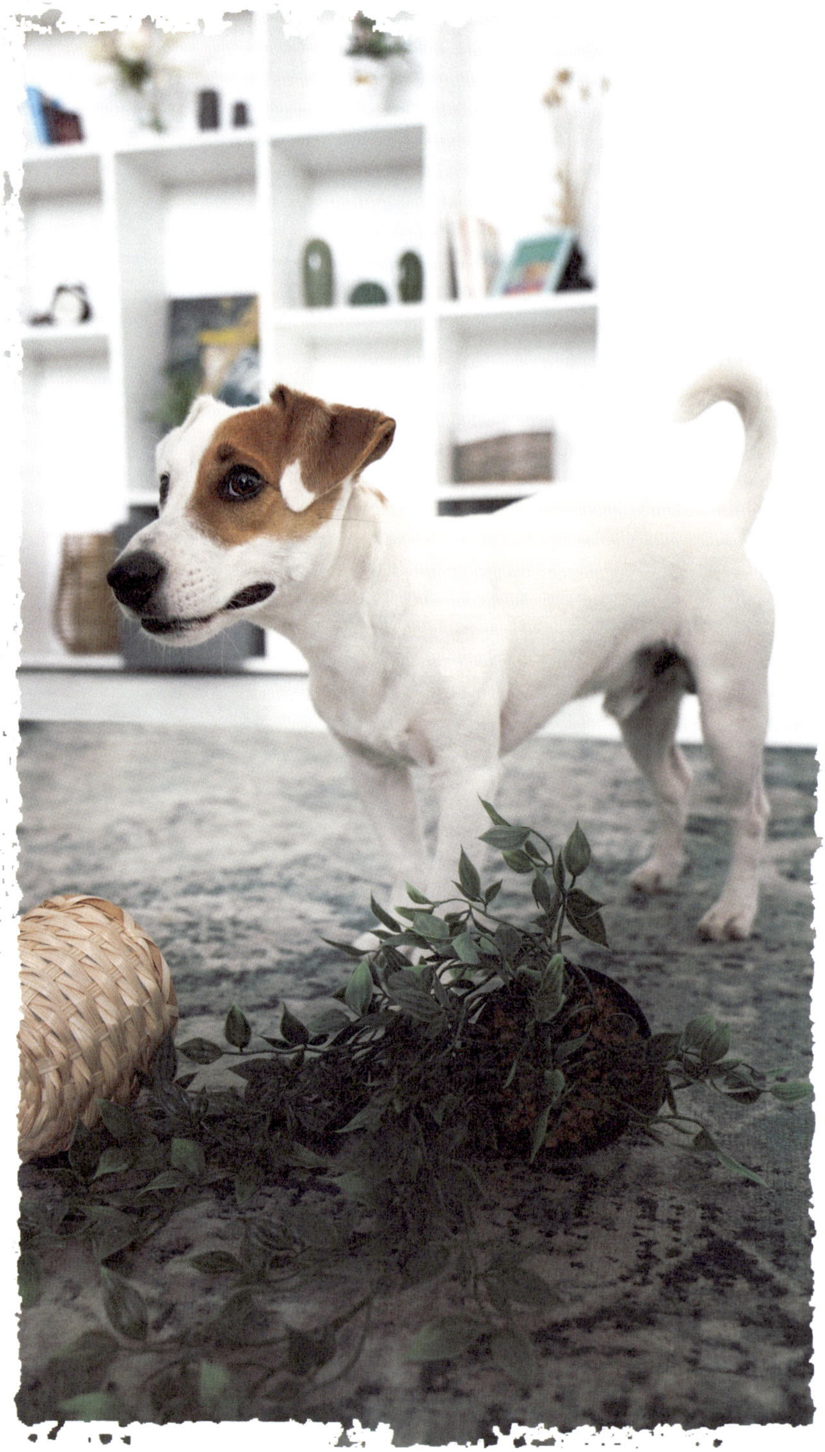

4. 肌肉骨骼系統

背部與脊椎 174

肌肉 174

韌帶、肌腱與關節
    扭傷與拉傷 175
    強化韌帶與肌腱 176
    關節發炎（關節炎）............................. 177
    關節磨損（骨關節炎）......................... 177
    髖關節病變 178

骨骼
    骨折 178
    強化骨骼 179
    生長障礙與骨骼畸形 179

狗

背部與脊椎

所謂「整脊師能量流」，涉及以下手法：
一手放在 SEL 2，另一手放在 SEL 6。先針對身體一側進行，再換到另一側。

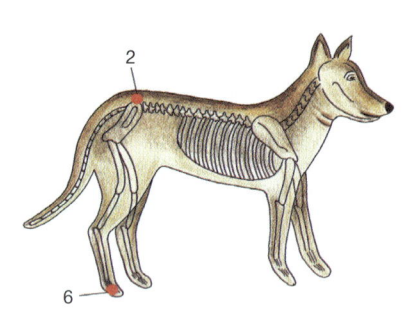

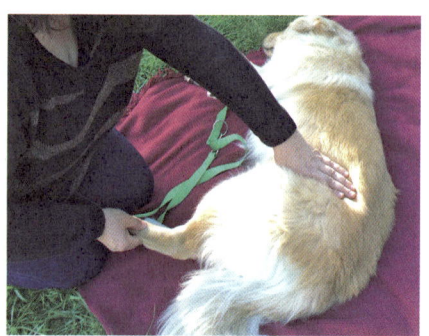

針對所有背部問題，「膀胱能量流」（見第48頁）是重要的能量流。

「腳掌能量流」（見第22頁）也可調和背部及椎間盤。

肌肉

以下手法可輔助肌肉，改善肌肉痠痛、用力過度、顫抖、肌肉張力過高或過低、拉傷、肌肉疼痛等等：
一手放在 SEL 8，另一手同時按著 SEL 5 和 SEL 16。

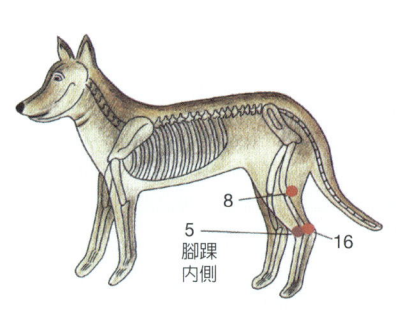

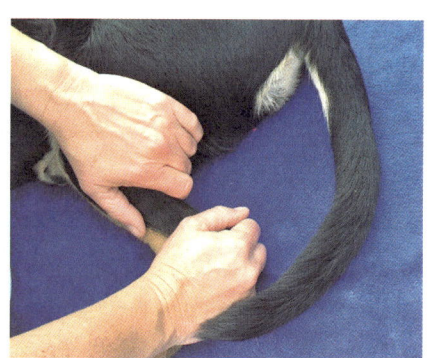

或是，先按著 SEL 8 和 SEL 5，然後再按著 SEL 8 和 SEL 16。

若要強化虛弱的肌肉，可按著左側 SEL 12，搭配右側 SEL 20。
身體另一側的操作方式相同，左右對調即可。

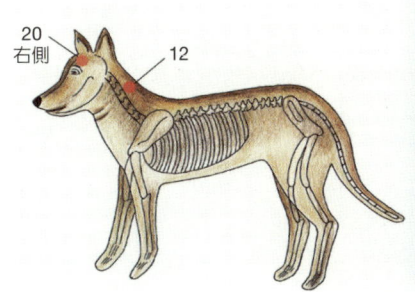

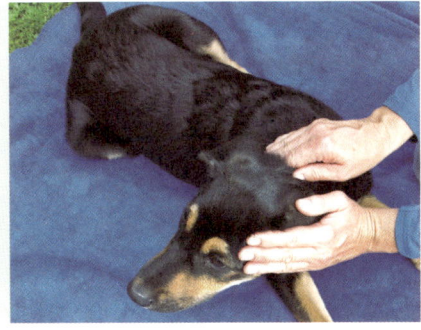

韌帶、肌腱與關節

扭傷與拉傷

假使狗狗後腳掌扭傷，請握住前腿的第一個關節。
假使前腳掌扭傷，直接握住患部關節本身即可。

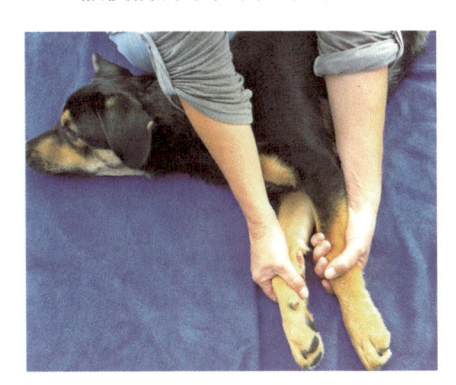

肌肉骨骼系統

175

或是，一手放在患部，另一手放在身體同一側的 SEL 15。

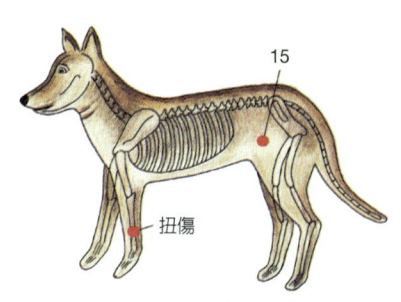

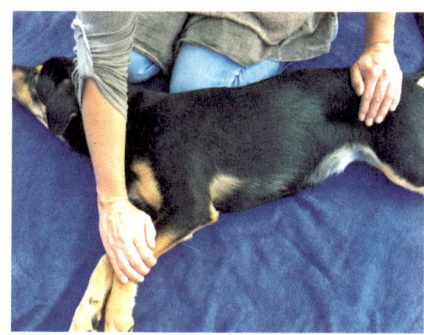

扭傷

強化韌帶與肌腱

若要強化韌帶與肌腱，可按著 SEL 12，搭配身體另一側的 SEL 20（見第175頁）。

或是，一手放在 SEL 4，另一手放在身體同一側的 SEL 22。

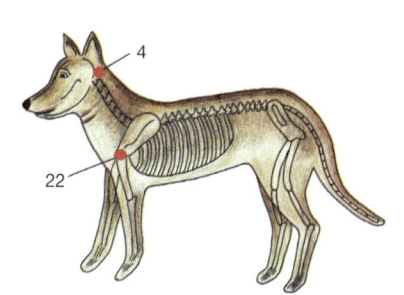

關節發炎（關節炎）

可經常為狗狗施作排毒手法（見第171頁）。

若要緩解疼痛，促進發炎部位癒合，可一手按住 **SEL 5** 和 **SEL 16**，另一手按著 **SEL 3**。

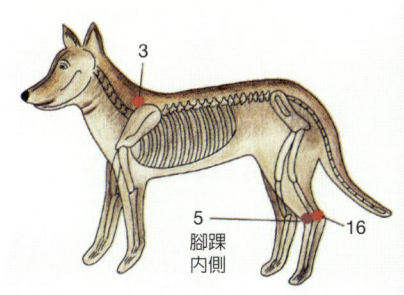

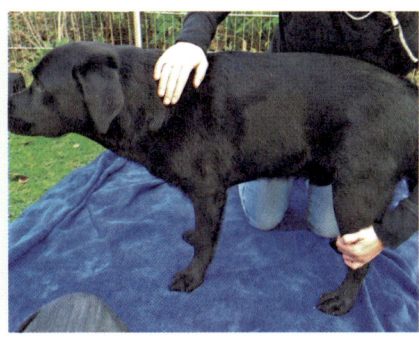

腳踝內側

關節磨損（骨關節炎）

按著 **SEL 13** 和 **SEL 17**。

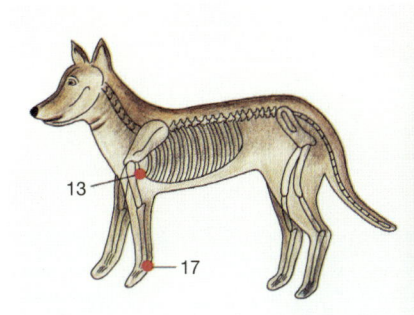

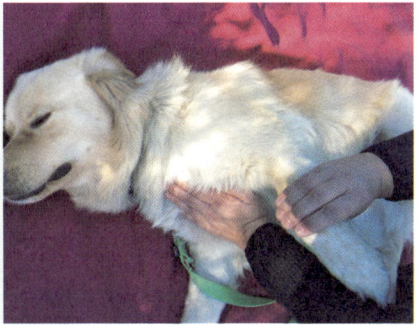

狗

調理 SEL 1，有助於增強活動力與靈活性。

可以按住 SEL 1，搭配身體另一側的高 SEL 19（約在 SEL 19 上方距離一腳掌寬的位置）。

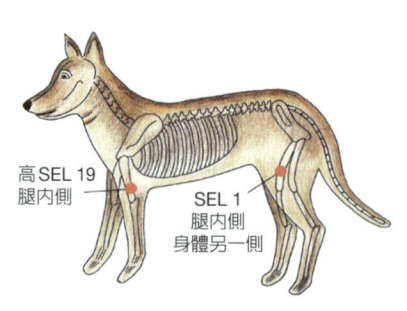

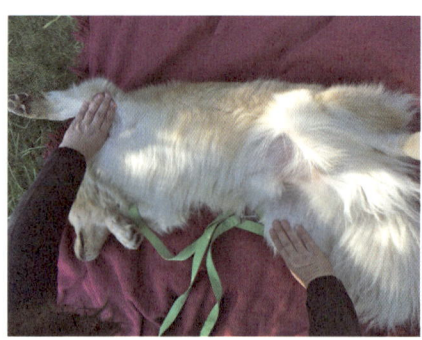

高SEL 19
腿內側

SEL 1
腿內側
身體另一側

髖關節病變

針對左側髖關節，左手放在左側 SEL 12，右手放在右側 SEL 20（見第175頁）。

針對身體右側髖關節，則左右對調。

骨骼

骨折

按著 SEL 15，可促進骨折癒合；或是雙手放在腹股溝區。

也可以調理 SEL 15，搭配 SEL 3。

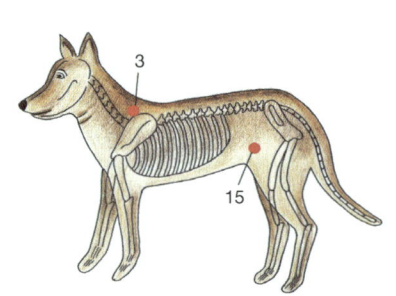

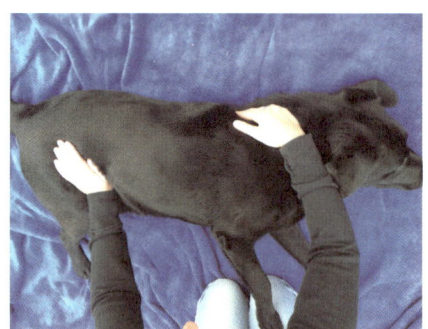

強化骨骼

若要強化骨骼，可按著 SEL 11，搭配身體另一側的 SEL 13。

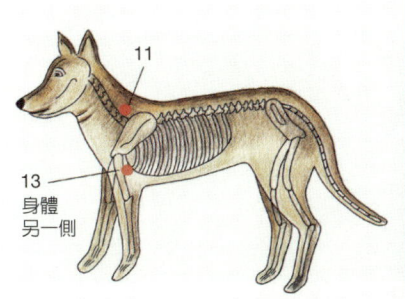

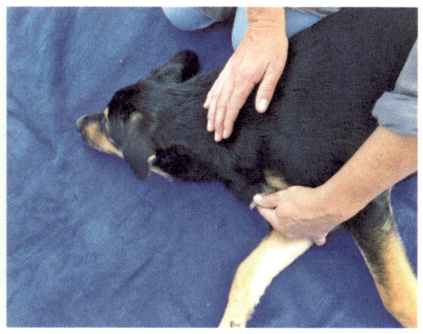

或是，一手放在恥骨區，另一手依次放在兩隻後腳的小趾。

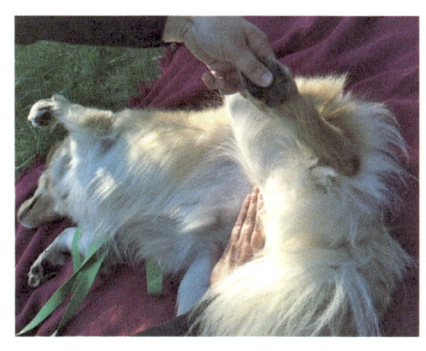

生長障礙與骨骼畸形

按著兩側的 SEL 18。

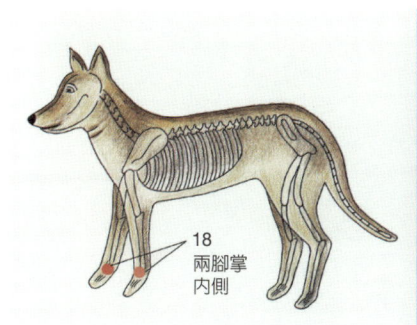

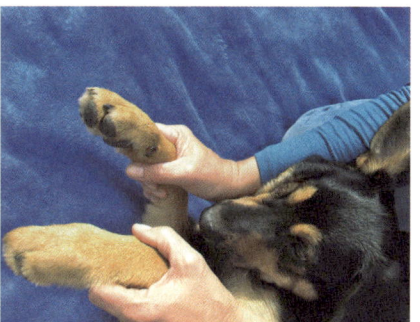

狗

或是，調理 SEL 25，搭配 SEL 3。

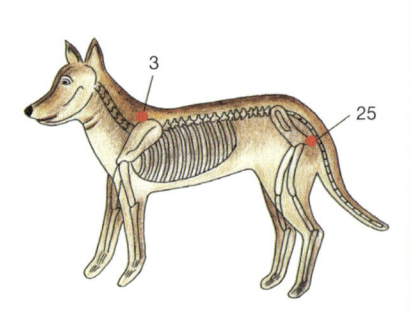

5. 泌尿系統

膀胱 182

腎臟
    腎臟感染 183
    腎結石與膀胱結石 184

狗

膀胱

針對所有膀胱問題（例如發炎、麻痺），可調和「膀胱能量流」（見第48頁）。或是施作下述快速調理法：

一手放在頸椎中段的兩側 SEL 12 之間，另一手放在尾椎骨。

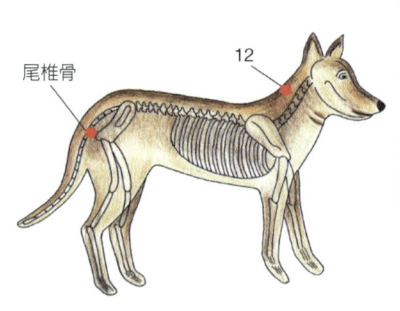

或是，調理 SEL 4，搭配 SEL 13。

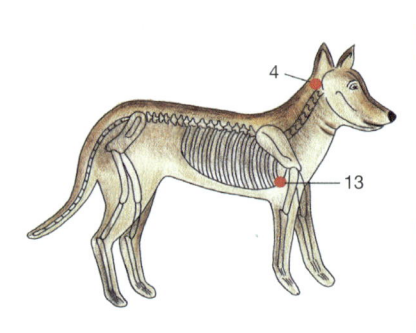

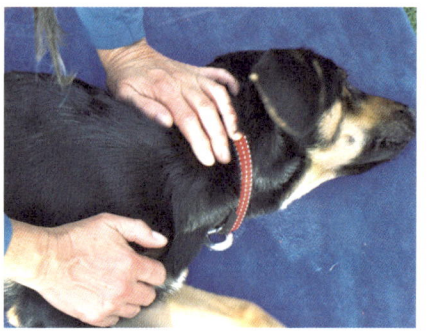

腎臟

腎臟感染

先按著 SEL 3 和 SEL 15。

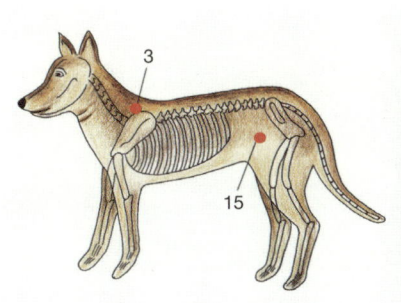

然後，一手放在恥骨，另一手依次放在兩側後腳掌的小趾。

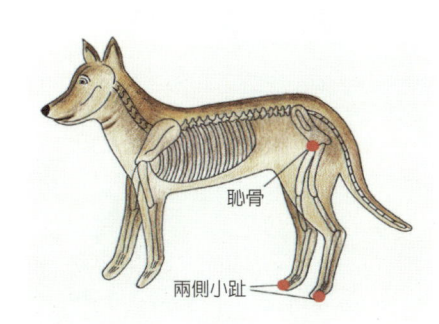

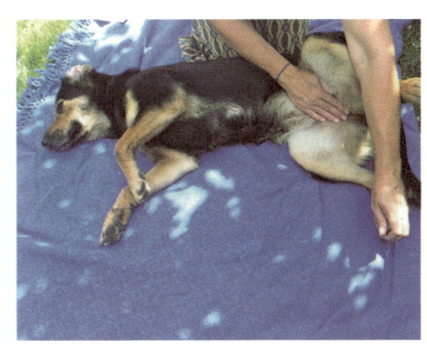

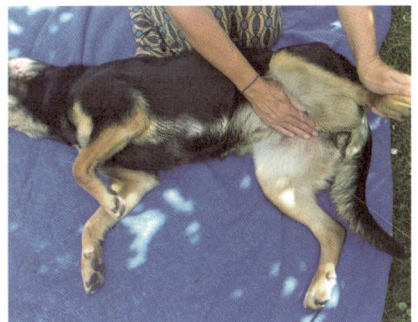

泌尿系統

狗

如果狗狗不願意讓別人觸碰恥骨，可一手放在後頸兩側SEL 4之間，另一手放在尾椎骨。

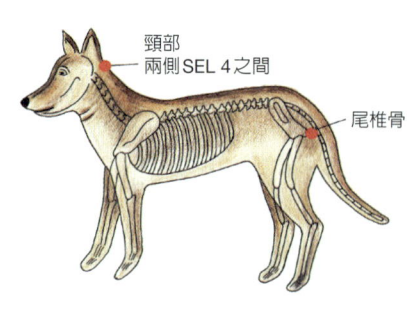

頸部
兩側SEL 4之間

尾椎骨

腎結石與膀胱結石

一手按住SEL 5和SEL 16，另一手按著SEL 23。
先針對身體一側施作，然後再按身體另一側。

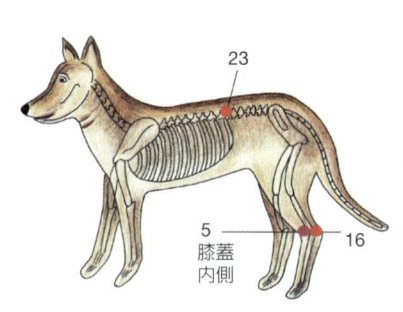

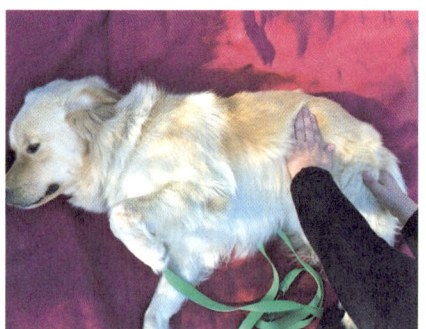

23

5
膝蓋
內側
16

或是，調理SEL 23，搭配SEL 14。

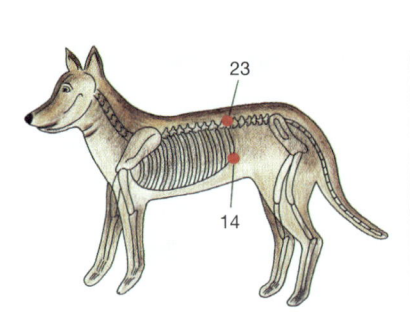

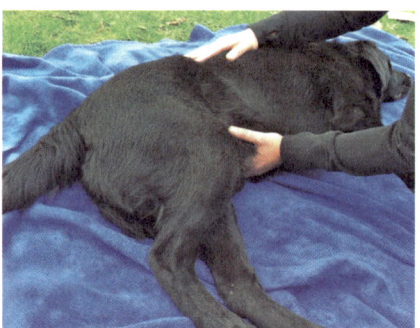

23

14

6.
生殖器官

公狗生殖器官
    睪丸發炎（睪丸炎） 186
    前列腺 186
    性慾過強 186

母狗生殖器官與生產輔助
    懷孕 187
    產前照護 188
    生產輔助 188
    分娩疼痛 189
    宮縮過弱或太強 189
    新生小狗的呼吸問題 189
    奶水不足或過多 189
    乳頭發炎 190
    假性懷孕 190
    不孕 191
    調節發情週期 191

狗

公狗生殖器官

睪丸發炎（睪丸炎）

一手同時按住 SEL 5 和 SEL 16，另一手放在 SEL 3。

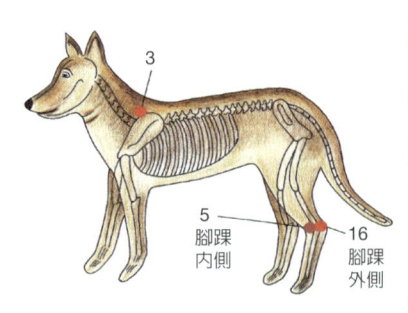

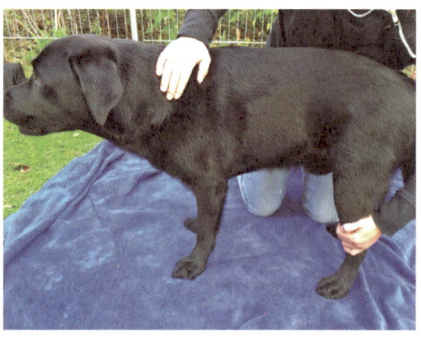

3

5
腳踝
內側

16
腳踝
外側

前列腺

強化「脾臟能量流」（見第35頁）。

或是，一手放在胸骨上的兩側 SEL 13 之間，另一手放在尾椎骨。

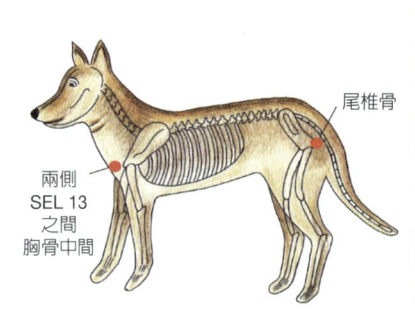

兩側
SEL 13
之間
胸骨中間

尾椎骨

性慾過強

按著 SEL 19，搭配身體另一側的 SEL 14。

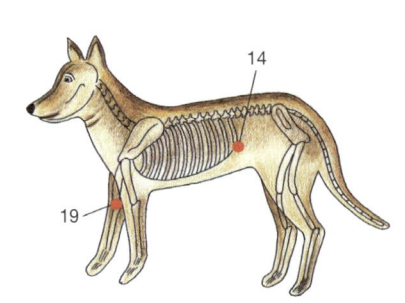

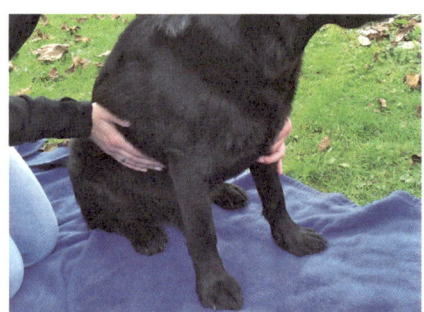

14

19

母狗生殖器官與生產輔助

懷孕

對於適應新的狀況（懷孕、生育及產後），SEL 22 是重要的能量鎖。

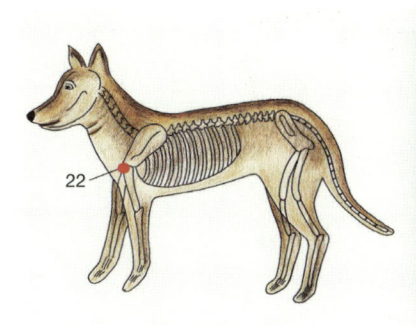

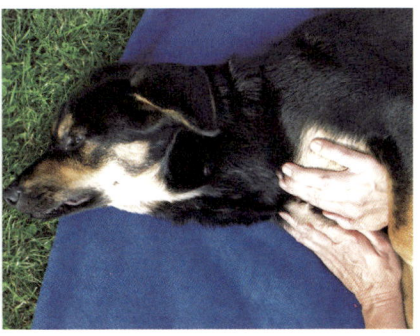

狗寶貝懷孕期間，你可以經常施作「監督者能量流」（見第31頁）。

或是，按著 SEL 5，搭配 SEL 16，可以為子宮提供能量。

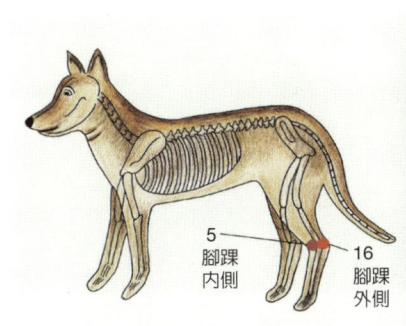

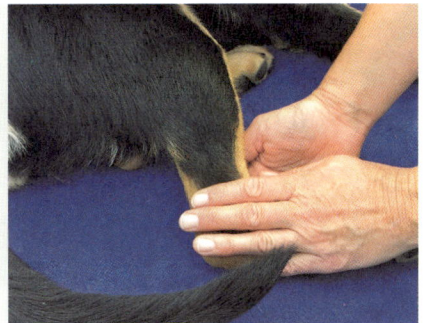

187

狗

產前照護

SEL 8可以軟化骨盆，以利生產，也可以開啓產道。
此外，SEL 22可幫助身體爲生產做好準備。
你可以同時按著這兩個安全能量鎖。

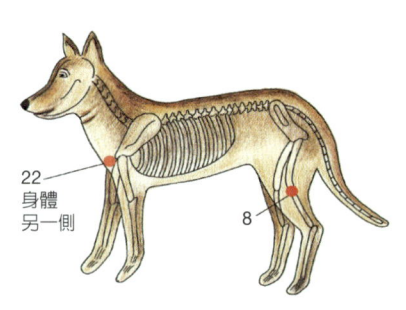

22
身體
另一側

8

生產輔助

按著SEL 13，搭配SEL 4，有助於放鬆和促進分娩。

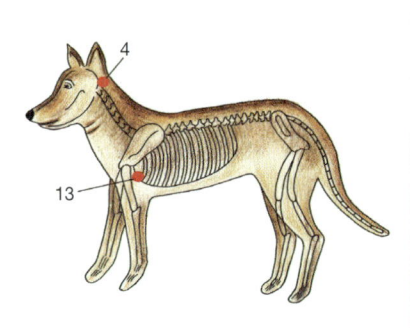

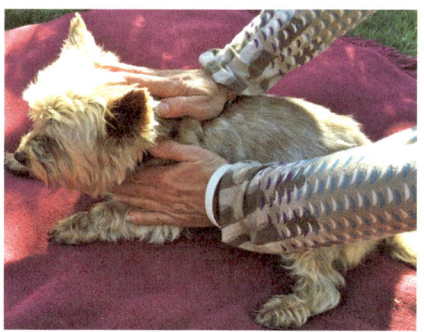

4

13

針對整體生產輔助與促進宮縮，可一手放在SEL 8（身體的哪一側都行），另一手放在薦骨區。

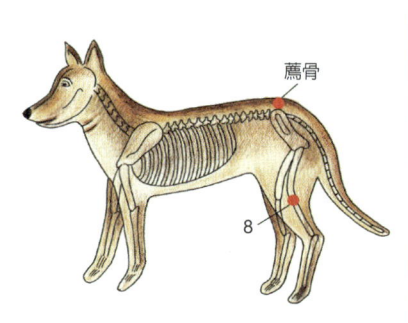

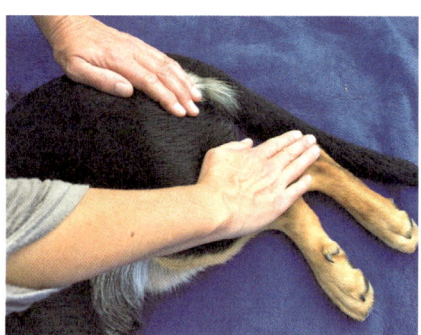

薦骨

8

188 | JIN SHIN FOR CATS AND DOGS

分娩疼痛

按著 SEL 5，搭配 SEL 16，可在狗狗分娩期間助其減輕疼痛（見第187頁）。

宮縮過弱或太強

按著 SEL 1（位置見第17頁圖），啟動身體的能量流動，進而幫助狗狗整個分娩過程。

假使分娩遲滯或進展過快，可按著 SEL 20 和 SEL 21。

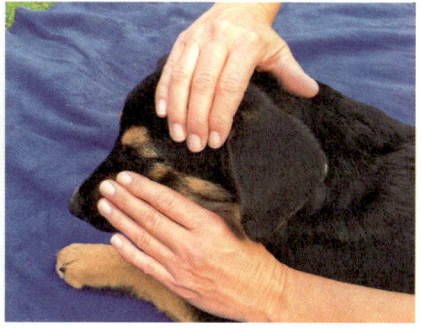

新生小狗的呼吸問題

假使新生小狗有呼吸問題，可按著兩側的 SEL 4（位置見第17頁圖）。

奶水不足或過多

若要調節奶水流量，可運用「脾臟能量流」（見第35頁）。

或是，一手放在 SEL 22，另一手放在 SEL 14。

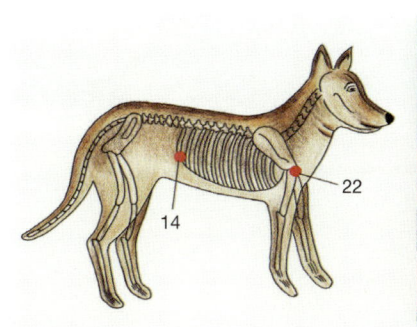

生殖器官

狗

乳頭發炎

首先，一手放在 SEL 3，另一手放在 SEL 15（見第183頁）。

然後，按著高 SEL 19（約在 SEL 19 上方距離一腳掌寬的位置），搭配高 SEL 1（約在 SEL 1 上方距離一腳掌寬的位置）。

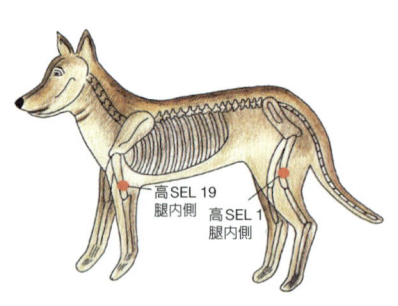

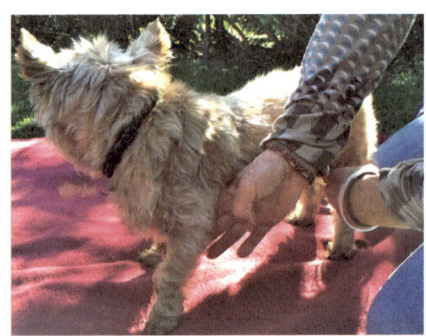

假性懷孕

先按著身體一側的 SEL 10，搭配 SEL 13，然後再按身體另一側這兩個能量鎖。

或是，一手按著兩側 SEL 10 之間的區域，另一手放在胸前兩側 SEL 13 之間的區域。

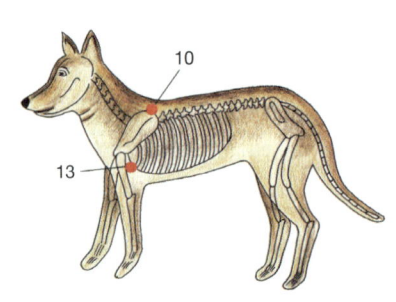

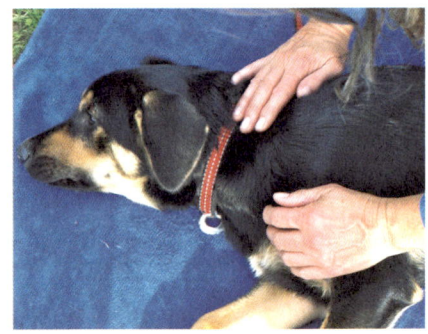

不孕

強化 **SEL 13**：若要調理不孕問題，可按著兩側 **SEL 13**。
或是，按著 **SEL 8**，搭配身體另一側的 **SEL 13**。

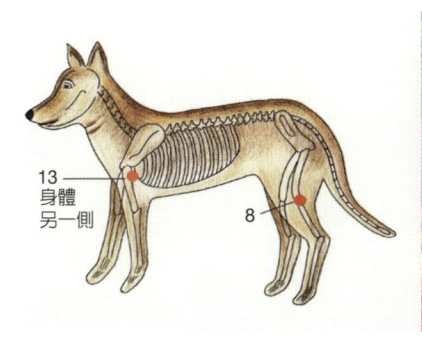

強化「膀胱能量流」（見第48頁）和「脾臟能量流」（見第35頁）。

調節發情週期

經常施作「脾臟能量流」（見第35頁）和「正中能量流」（見第22頁）。

也可用以下調理法：

按著兩側 **SEL 13**。或是，一手放在兩側 **SEL 13** 之間的胸部中段，另一手放在尾椎骨。

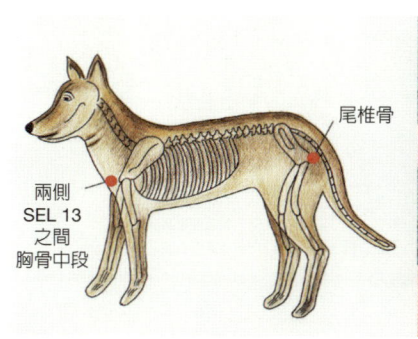

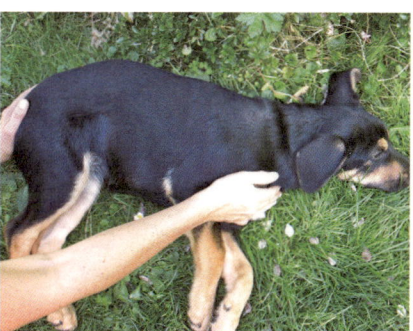

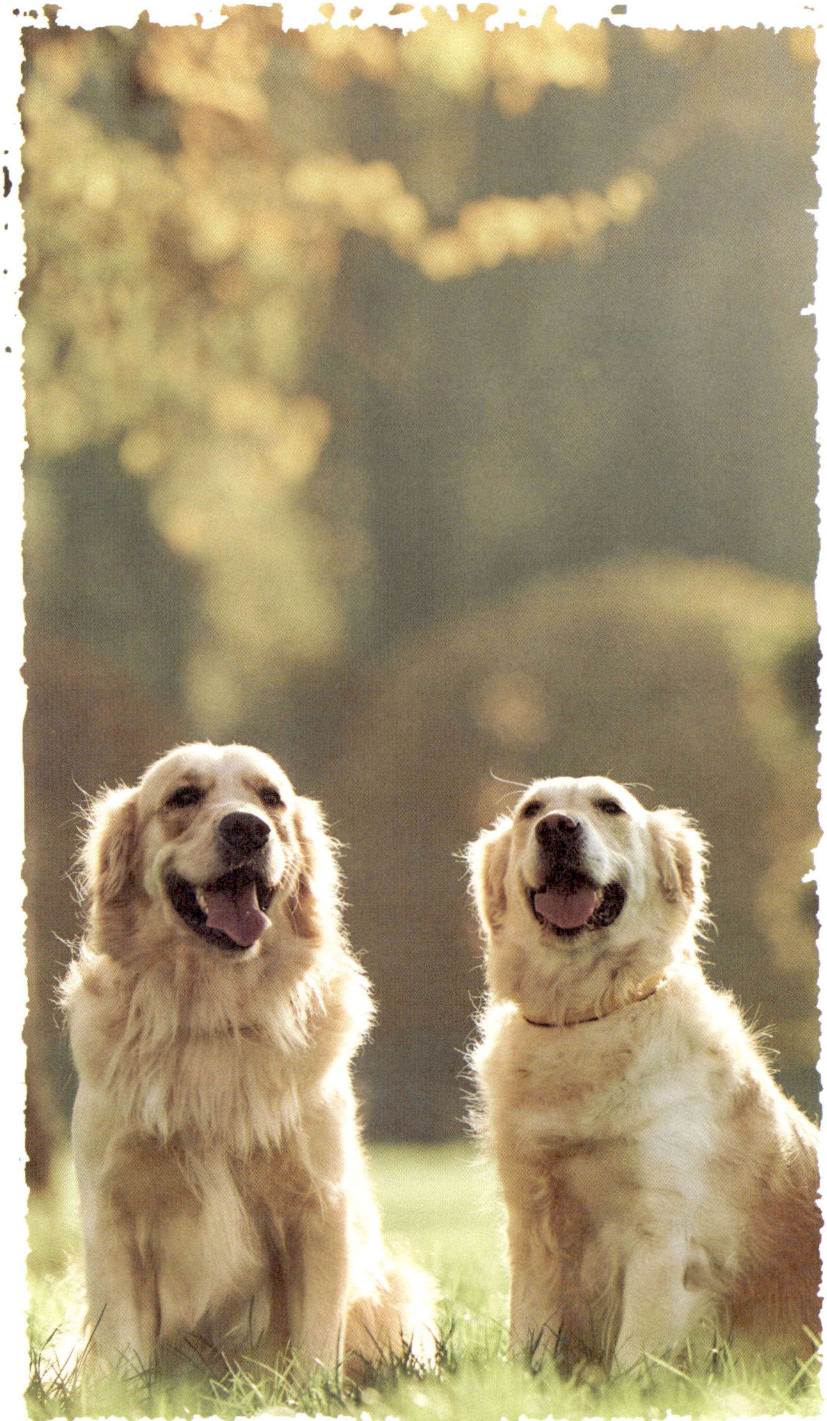

7.
皮毛與皮膚

皮毛
- 脫毛 194
- 皮毛暗淡 194
- 皮屑 194

皮膚
- 濕疹 195
- 疔瘡與膿腫 195
- 搔癢 196
- 過敏與不耐症 196

狗

「胃能量流」（見第39頁）是皮膚與毛髮專家。
如果你的狗狗有皮膚或皮毛問題，最好經常施作胃能量流來調理。
此外，要確保狗狗的飲食健康均衡。

皮毛

脫毛

除了營養外，維持體內酸鹼平衡與完整的荷爾蒙系統，對於健康的毛髮生長至關重要。可使用排毒手法（見第171頁）。

若要調和內分泌系統，可調理 SEL 14，搭配身體另一側的 SEL 22。

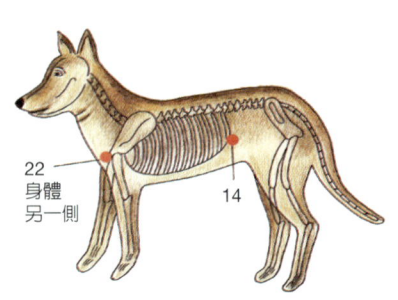

22
身體
另一側

14

皮毛暗淡

假使狗寶貝的皮毛暗淡，要經常施作「脾臟能量流」（見第35頁）。

皮屑

假使你的愛犬有皮屑問題，可調和「胃能量流」（見第39頁）與「脾臟能量流」（見第35頁）。

皮膚

濕疹

經常按著 SEL 3，搭配 SEL 19。

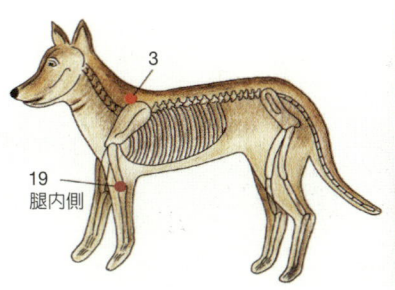

也可按著 SEL 14，搭配 SEL 22。

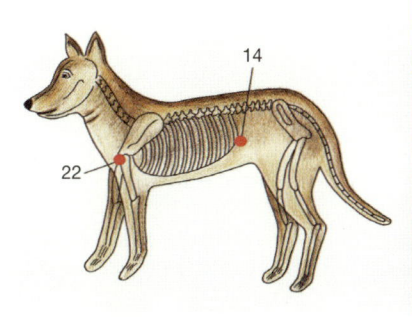

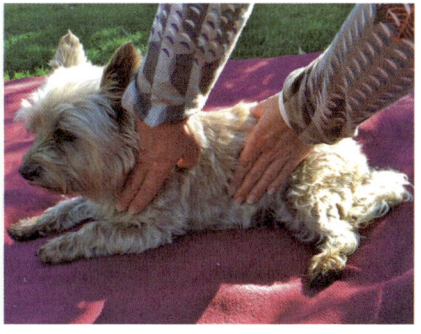

疔瘡與膿腫

若狗狗有疔瘡或膿腫，或是需要排至體外的任何毒素，可將你的左手放在患部，右手疊放在左手上。

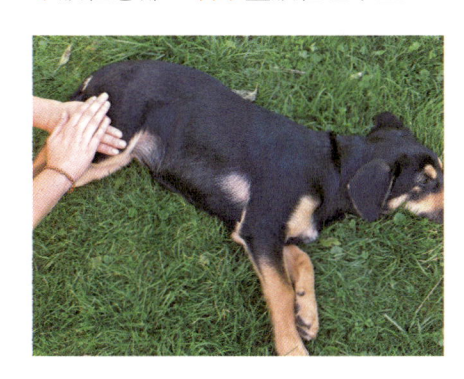

如果有他人在旁，你們也可以施作「多手」療法：將你的左手放在膿腫上，右手疊放在左手上；下一個人將左手放在你的右手上，再將其右手疊放在自己的左手上，依此類推。

這個療法可加速癒合過程。

狗

搔癢

若要緩解搔癢，可按著 SEL 3，搭配 SEL 4。

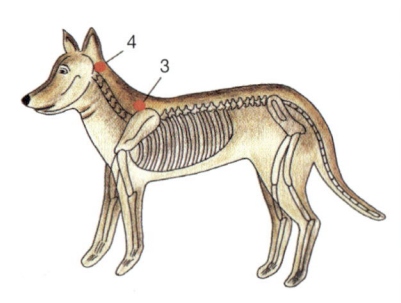

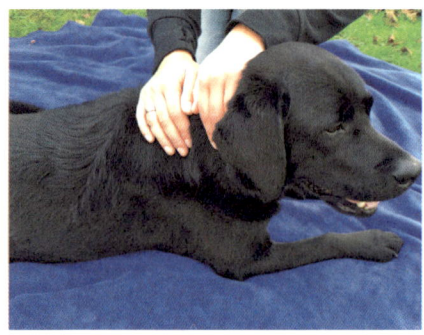

過敏與不耐症

過敏如今不只是人類的常見問題，狗狗也頗受其擾。引發過敏的因素有很多，而我們往往只能猜測其可能的根本原因。過敏時，免疫系統會攻擊原本不應該對抗的物質。

針對所有過敏，調和免疫系統必不可少。SEL 3 是維持免疫系統健康運作的關鍵。它可以說是一扇門，打開它，病毒和細菌可以再次離開身體；而透過它，身體可以接收純淨的新能量。

調理手法如下：

按著 SEL 3，搭配 SEL 15。

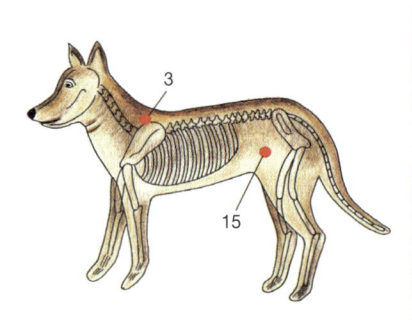

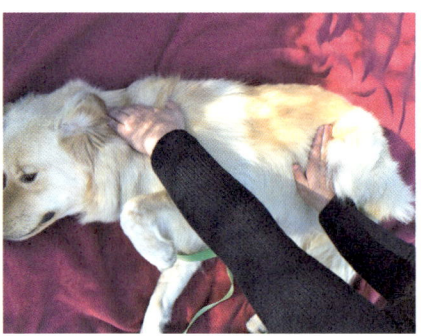

「脾臟能量流」（見第35頁）也可以強化免疫系統。
另一個重要的過敏調理手法如下：
一手放在 SEL 19，另一手放在 SEL 1。

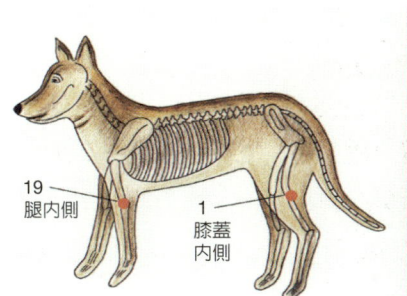

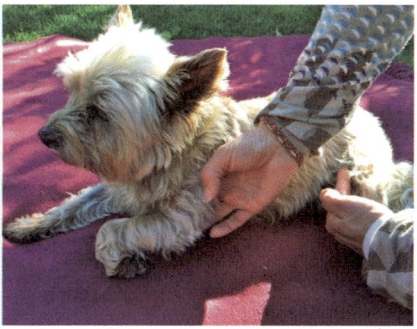

19
腿內側

1
膝蓋內側

SEL 22 是調理所有不耐症的關鍵能量鎖，它能積極地幫助身體適應。可按著兩側 SEL 22。

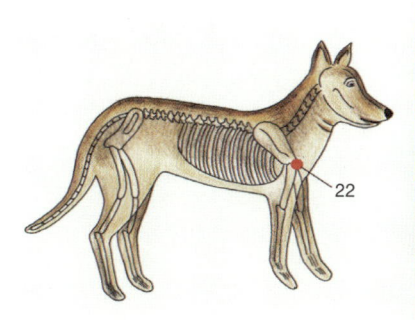

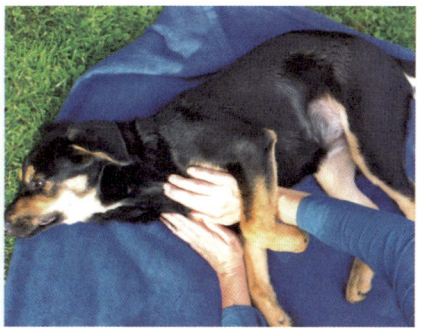

22

或是，按著 SEL 22，搭配 SEL 14。

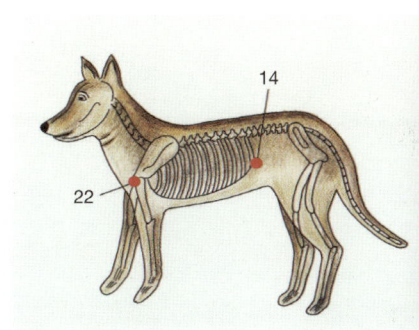

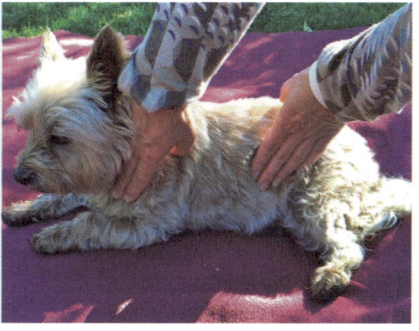

14

22

「初始中心調整法」也非常有幫助（同時按著 SEL 10 和 SEL 13，見第20頁）。

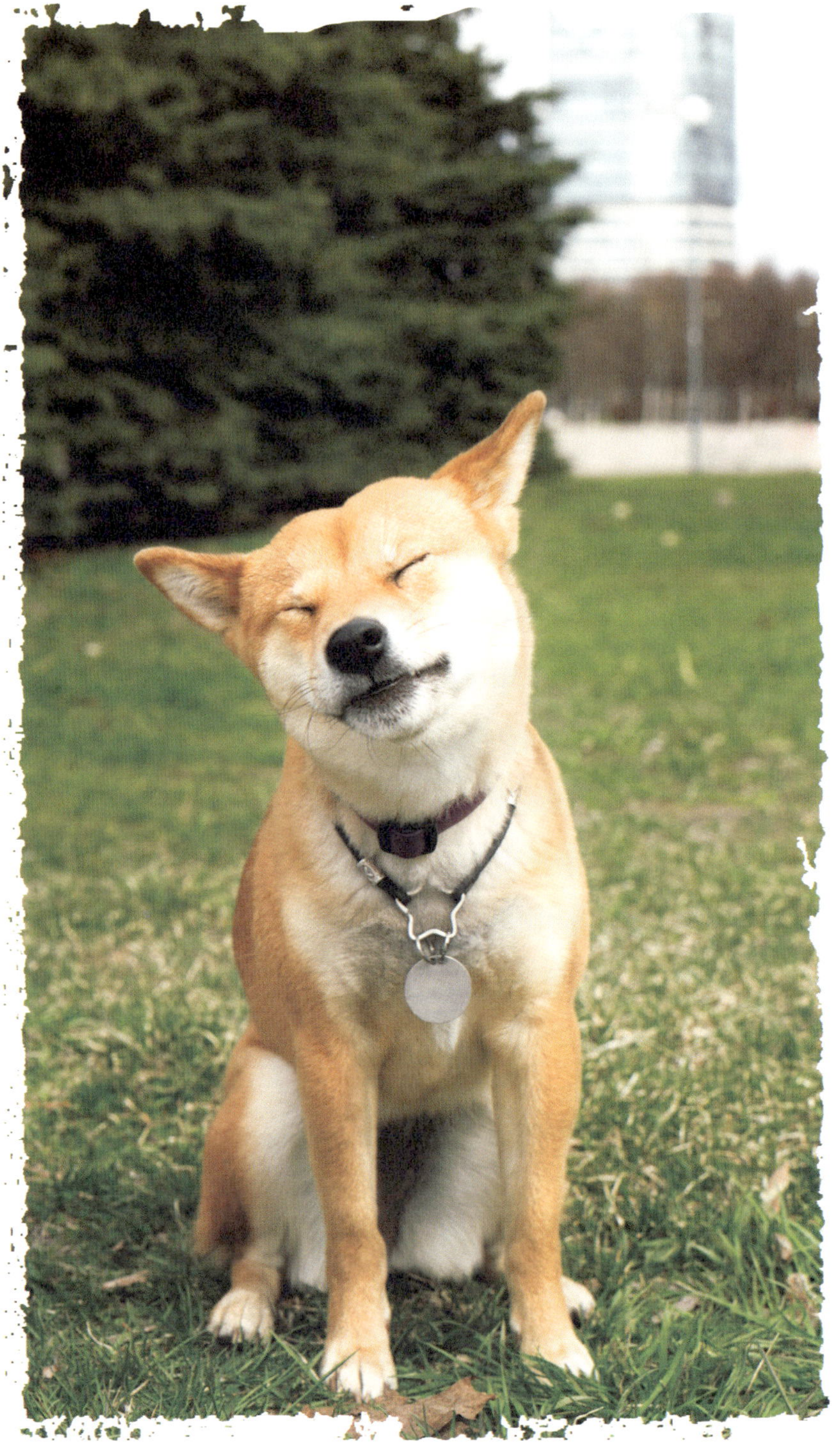

8. 神經系統

神經痛 200

肌肉抽搐 200

癱瘓 201

癲癇 202

狗

神經痛

「胃能量流」（見第39頁）適用於緩解頭部區的神經失調。
若要緩解疼痛，可按住 **SEL 5**，搭配 **SEL 16**（見第187頁）。
或是，按著 **SEL 10**，搭配 **SEL 17**。

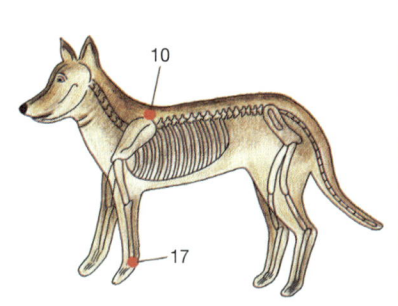

肌肉抽搐

肌肉抽搐可能是各種神經系統疾病的伴隨症狀，包括神經系統以及肌肉神經細胞內的障礙。建議由獸醫檢查確認。

肌肉抽搐不一定是由疾病所引發。肌肉抽搐時常無害。有時候，症狀也只是由於暫時的神經刺激所致。

調理法：可按著 **SEL 8**，搭配 **SEL 17**。

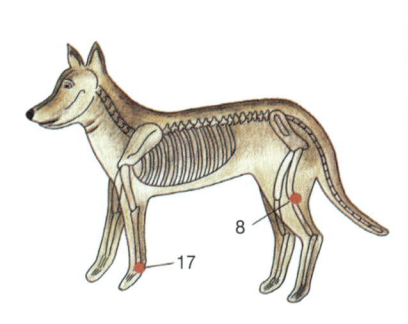

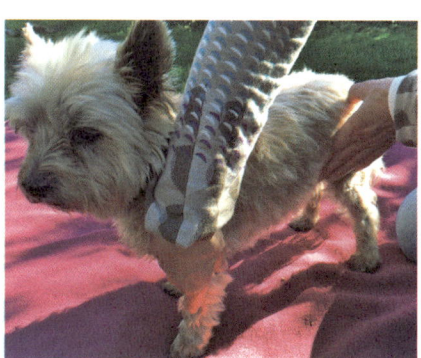

癱瘓

假使狗寶貝癱瘓，可依序施作下述手法。
針對身體右側：
左手放在右側SEL 4，右手放在右側SEL 13。

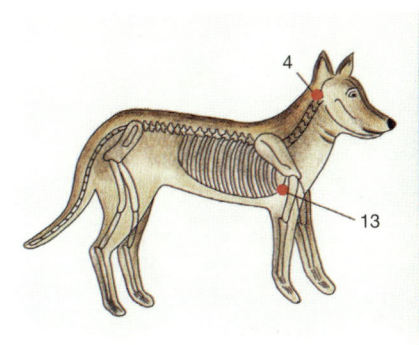

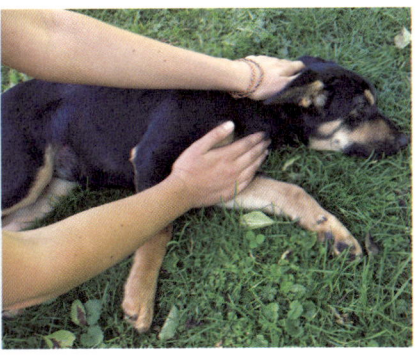

然後，左手放在右側SEL 16，右手放在右側SEL 15。

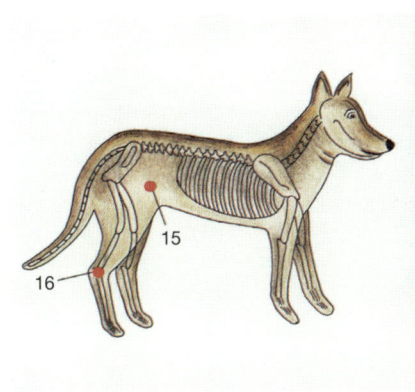

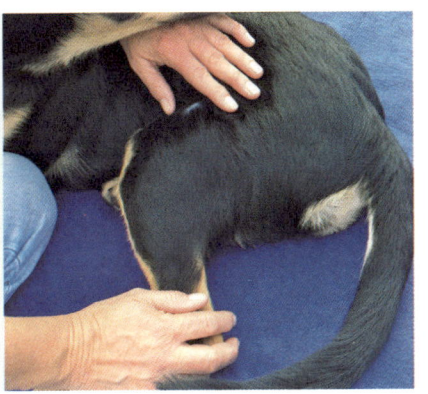

針對身體左側，則左右對調：
右手放在左側SEL 4，左手放在左側SEL 13。
然後，右手放在左側SEL 16，左手放在左側SEL 15。

神經系統

狗

癲癇

如果你的愛犬患有癲癇,可以用下述方法輔助調理:
按著兩側的 **SEL 7**(後腳掌的大拇趾)。

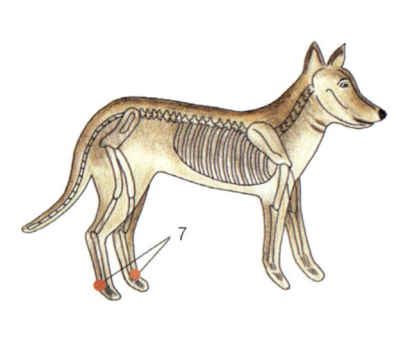

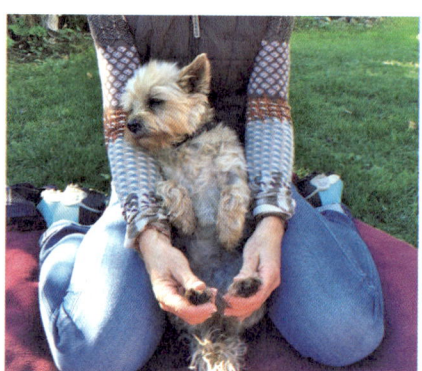

經常按著狗狗的頸部與前額。

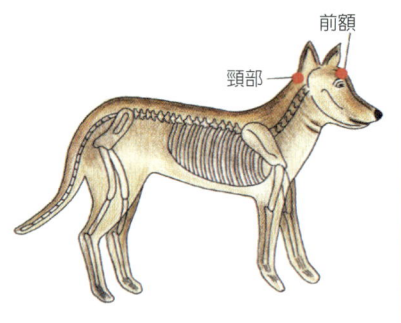

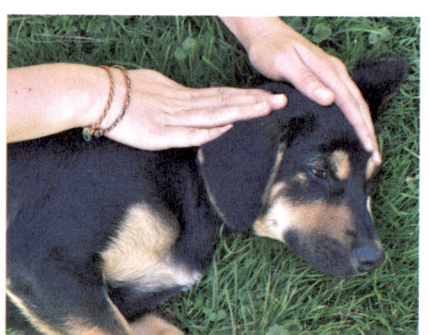

前額
頸部

按著 SEL 12,搭配 SEL 14。

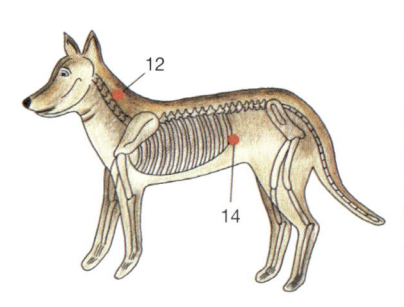

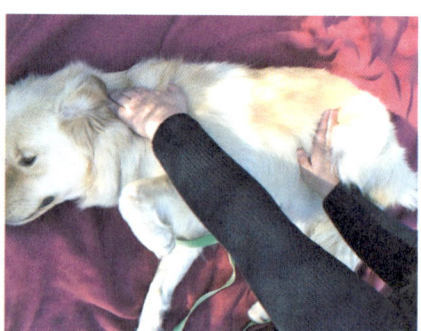

12
14

9. 免疫系統

狗

健全的免疫系統是健康與活力的前提。一旦為你的愛犬調理，你便自動地強化其免疫系統，刺激毛小孩的自癒力。

針對狗狗正常運作的免疫系統，最重要的安全能量鎖是 SEL 3。當 SEL 3 打開且能量可以透過它順暢地流動時，狗狗體內原本存在的細菌與病毒就可以再次排出，而不會滯留並引發疾病。

你也可以打開 SEL 3，藉此抑制並消除初期的感染。

要做到這點，最佳方法是按著 SEL 3，並搭配 SEL 15（見第196頁）。

以下能量流可以非常有效且有力地進一步調和免疫系統：
- 正中能量流（見第22頁）
- 監督者能量流（見第31頁）
- 脾臟能量流（見第35頁）

或是，按著 SEL 19，搭配高 SEL 19。

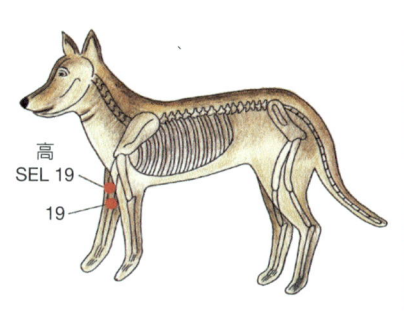

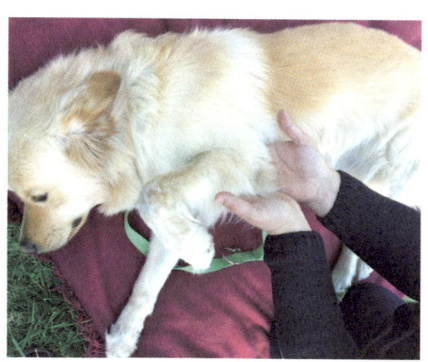

204 | JIN SHIN FOR CATS AND DOGS

10.
傳染病

犬瘟熱 206

鉤端螺旋體病 206

犬細小病毒 207

犬舍咳 207

狗

　　如果這些可能非常嚴重的疾病，在狗寶貝接種疫苗之後仍然出現，除了由獸醫治療外，還可以運用能量流來幫助你的愛犬。

犬瘟熱

　　狗狗是否容易感染犬瘟熱，因個體而異。一般認為幼犬最容易感染，但是年長的狗狗也可能被感染。

　　初期症狀往往不被認為是犬瘟熱：輕微的發燒，伴隨扁桃腺炎、眼瞼結膜炎、腹瀉，以及精神不振。

　　這個階段可能相當無害。這個疾病往往在第二階段才被認出，而這個階段通常比較嚴重，可能導致咳嗽、打噴嚏、流鼻涕、腹瀉、眼睛疼痛發炎。

　　犬瘟熱也可能在前兩個階段之後消失，尤其是病程較為輕微時。然而，所有前面提到的症狀也可能完全不出現，反而直接感染神經系統，導致腦膜炎、脊髓病變、顱神經衰竭、癲癇發作、節律性肌肉顫抖或痙攣等症狀。

　　除了獸醫的治療外，可以大量輔助你的狗狗。最好從早到晚，頻繁施作極短時間（僅持續幾分鐘）的能量流。

　　可施作溫和的能量流，例如監督者能量流（見第31頁）。經常按著 **SEL 3**，搭配 **SEL 15**（見第196頁）。若要排毒，則同時按著 **SEL 23** 與 **SEL 25**（見第171頁）。宜強化免疫系統（見第204頁）。也要調理被上述症狀影響的能量點。

鉤端螺旋體病

　　鉤端螺旋體病，又稱「斯圖加特病」（Stuttgart disease），在急性病例中可能迅速導致死亡。其主要症狀包括嘔吐、腹瀉（通常糞便中帶血）、體重迅速減輕、口氣有惡臭、腹部疼痛，以及高燒或體溫過低。必須儘快施打抗生素。

　　你可以每天多次按著 **SEL 3** 和 **SEL 15**（見第196頁），藉此輔助治療。此外，也可以按著兩側 **SEL 1**（後腿膝蓋內側）。或是，按著 **SEL 1**，搭配 **SEL 8**（見第168頁）。

犬細小病毒

犬細小病毒感染通常會突然發病，並且伴隨劇烈嘔吐，同時或隨後出現往往是血水狀的腹瀉。

此病的最大危險在於脫水與體重迅速下降。

除了獸醫治療外，可調理右側 SEL 8 及左側高 SEL 1（見第168頁）。施作「監督者能量流」（見第31頁），以及按著強化免疫系統的相關能量點（見第204頁）。

犬舍咳

針對犬舍咳，宜調理咳嗽與支氣管感冒那一節描述的能量點（見第161頁）。施作「監督者能量流」（見第31頁），以及整體強化免疫系統（見第204頁）。

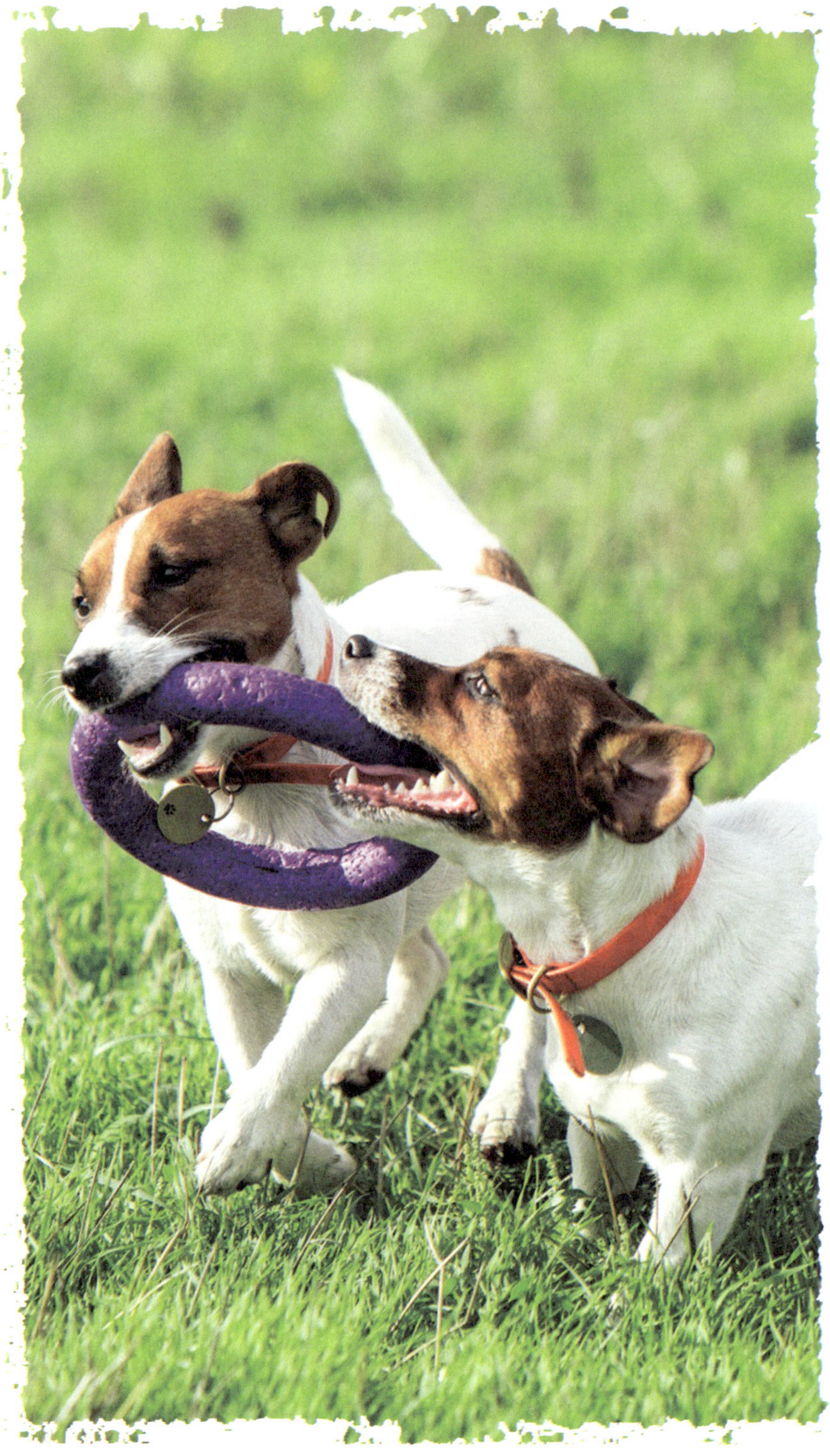

11.
水腫、增生與腫瘤

水腫 210

增生與腫瘤 210

狗

水腫

若要消除狗狗的水腫，可施作「膀胱能量流」（見第48頁）。

增生與腫瘤

能量流動順暢時，就不會積累。調理可使能量重新流動，鬆開陳舊、硬化的部分。仁神術可調和整個生命體，使一切逐步回復平衡，包括細胞生長。

SEL 1（後腿膝蓋內側）是原始動力，它讓一切流動起來，並消解堵塞和積累。

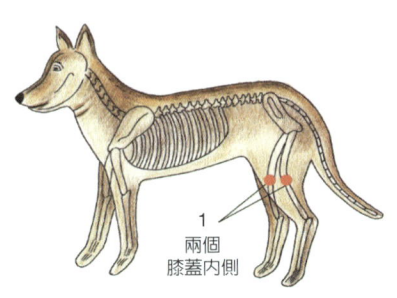

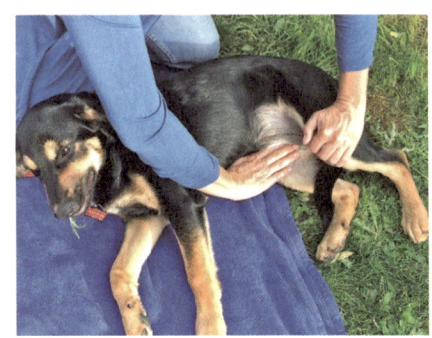

1
兩個
膝蓋內側

「脾臟能量流」（見第35頁）將光帶進每一個細胞，而且可以消除腫瘤與積累。要經常施作「正中能量流」（見第22頁）。

另一個調理法是：按著身體一側的 SEL 20 以及身體另一側的 SEL 19，然後左右對調。

若要細胞再生，這是重要的手法。

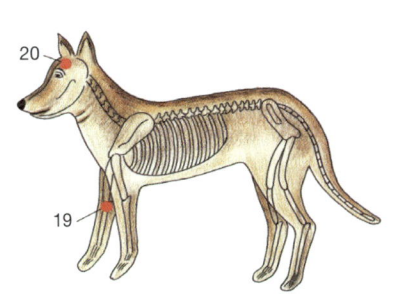

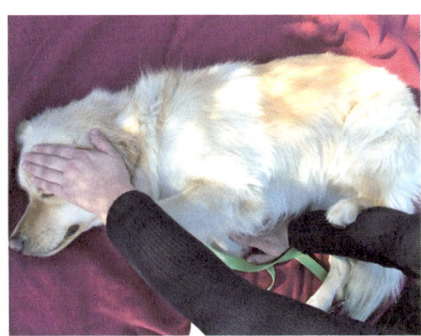

經常施作「監督者能量流」(見第31頁),並且替身體排毒(見第171頁)。

或是,按著 SEL 11 以及身體另一側後腳掌的第二趾。

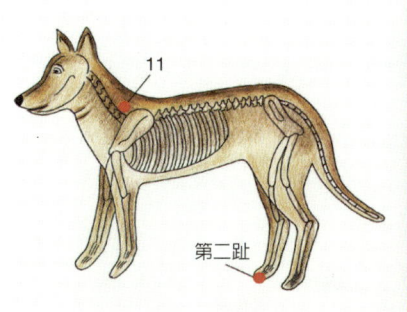

針對惡性腫瘤及囊腫,一個有效的重要手法是:
一手放在 SEL 24(調和紛亂),另一手放在 SEL 26。

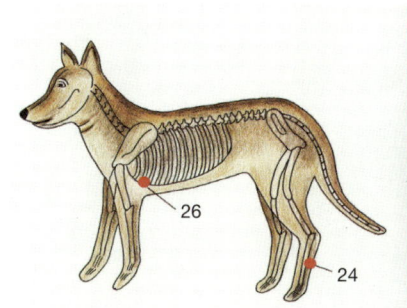

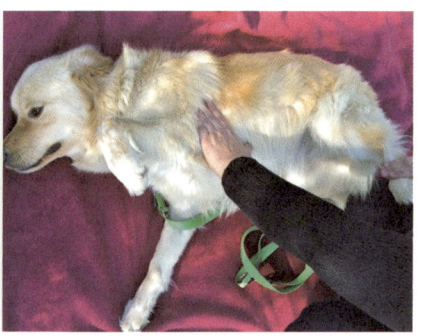

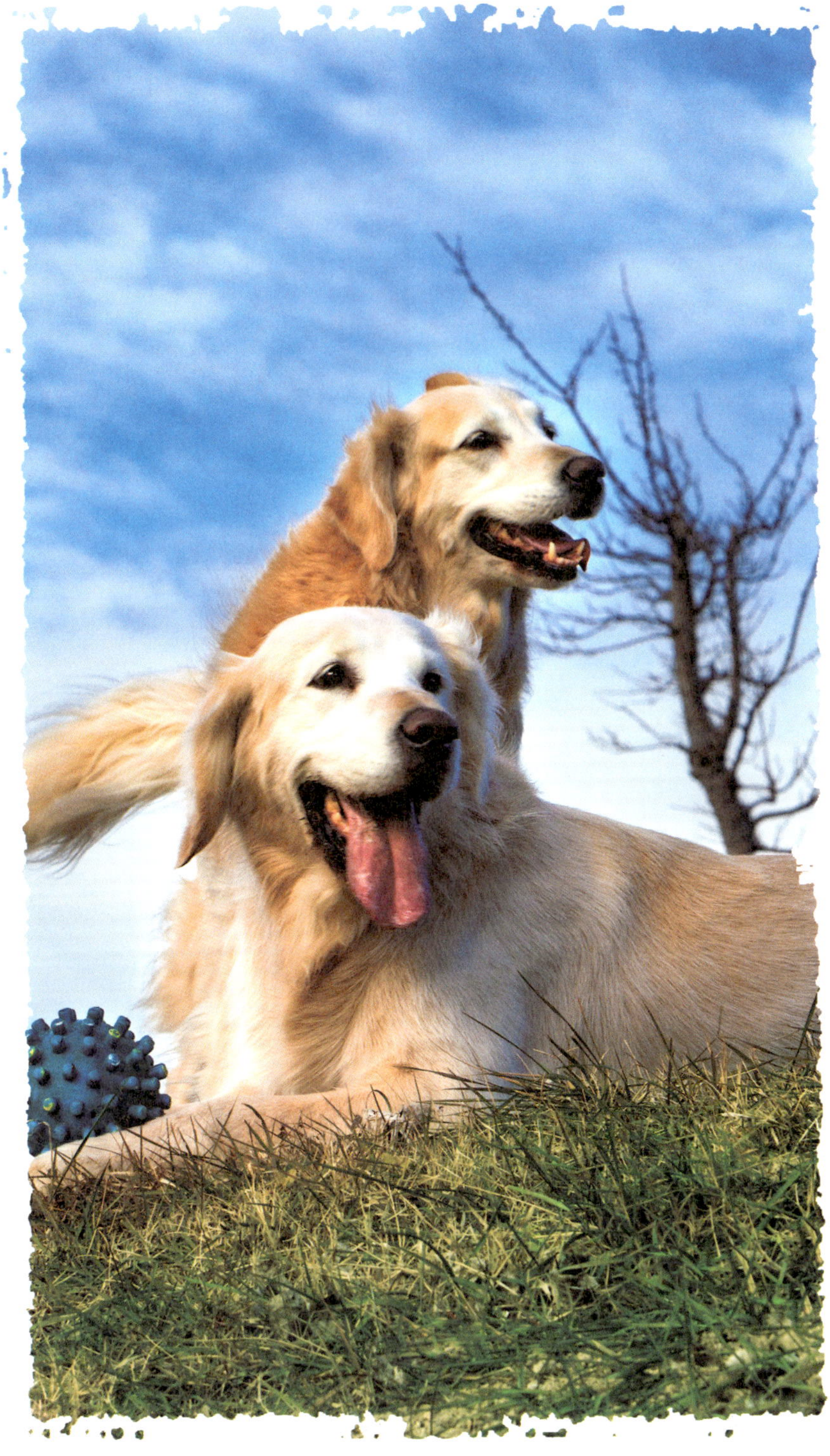

12. 受傷與緊急情況

傷口
　　出血性傷口 214
　　化膿性傷口 214
血腫 214
咬傷 215
昆蟲螫傷、異物刺入與荊棘植物刺傷 215
燒傷 215
腦震盪 216
骨折 216
瘀傷 217
休克 217
中毒 217
中暑與日射病 218
窒息與呼吸急促 218
痙攣 218
手術 219
暈車 219
疼痛 219
用力過度 219
臨終照護 220

狗

> 傷口

出血性傷口

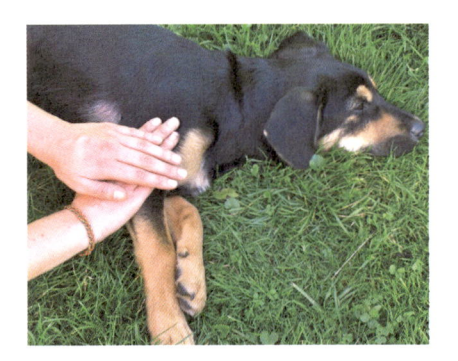

針對出血性傷口：右手放在傷口或敷料上，或稍微蓋住傷口或敷料，左手再疊放在右手上。

化膿性傷口

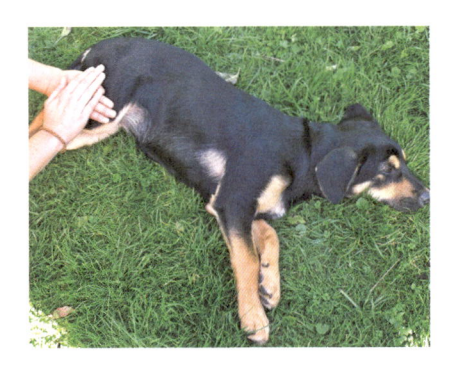

針對化膿性傷口：左手放在傷口或繃帶上，或稍微蓋住傷口或繃帶，右手再疊放在左手上。

> 血腫

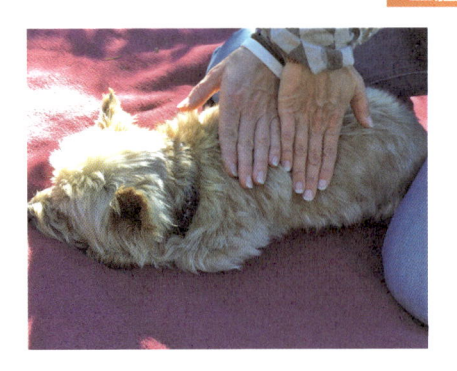

針對血腫：交叉雙手，讓兩根小指彼此觸碰，然後將交叉的雙手放在患部上。

咬傷

見處理「傷口」的描述（第214頁）。

昆蟲螫傷、異物刺入與荊棘植物刺傷

左手放在患部上或稍微蓋住患部，然後右手疊放在左手上。

燒傷

雙手並排，稍微蓋住患部。

受傷與緊急情況

狗

腦震盪

先按著兩側的 SEL 4，再按住兩側的 SEL 7。

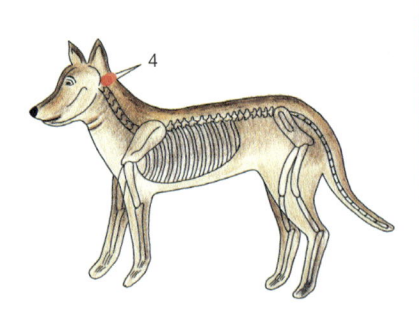

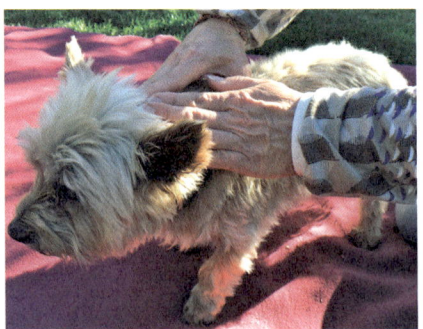

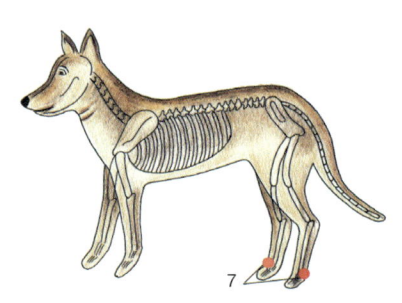

骨折

雙手放在腹股溝（SEL 15）。
或是，一手放在骨折部位，另一手放在 SEL 15。

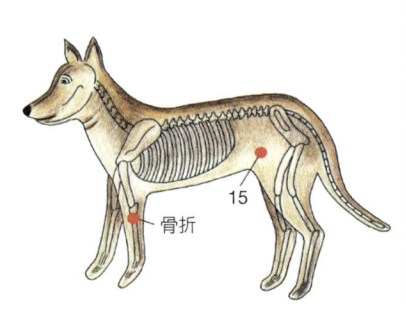

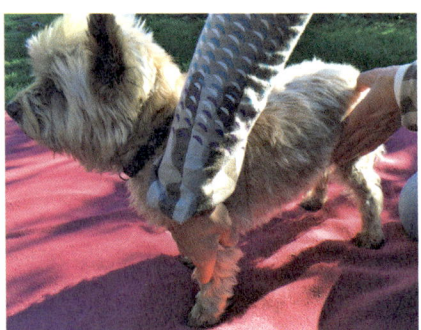

瘀傷

右手放在患部，然後左手疊放在右手上（見第214頁）。

休克

休克是危及生命循環系統的疾病，必須立即交由獸醫診治，無一例外！

休克可能由若干因素所引發，包括：中暑、受傷、大量出血、咬傷、中毒、過敏、燒傷、胃扭轉。

休克的跡象有：狗狗虛弱無力；呼吸急促而淺弱；心跳加快；牙齦顏色明顯蒼白；腳掌、耳朵、尾巴尖端發涼；顫抖；步態不穩。

急救時，調理兩側的 **SEL 1**（後腿膝蓋內側）。

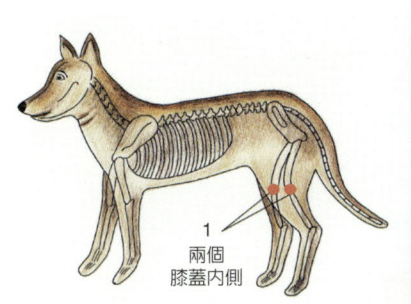

1 兩個膝蓋內側

中毒

遇到中毒，務必立即諮詢獸醫！
急救時，按著兩側的 **SEL 1**（見上圖）。
也可按 **SEL 21** 和 **SEL 23**。

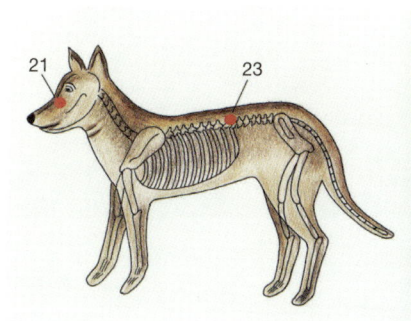

狗

中暑與日射病

針對過度曝曬或高溫，急救手法如下：
按著兩側的 SEL 4（見第216頁）。
按著兩側的 SEL 7（見第216頁）。

窒息與呼吸急促

按著兩側的 SEL 1（見第217頁）。
或是，按著 SEL 1，搭配 SEL 2。

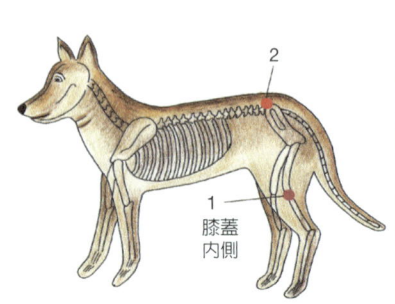

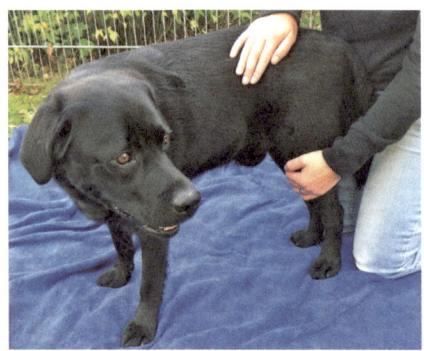

膝蓋內側

痙攣

按著兩側的 SEL 8。
或是，按著 SEL 8，搭配身體另一側的 SEL 1。

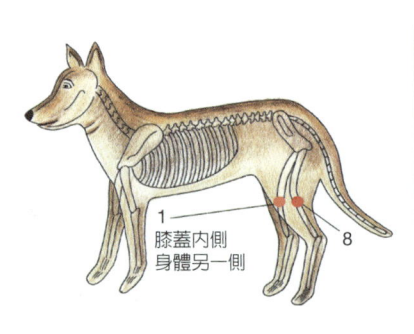

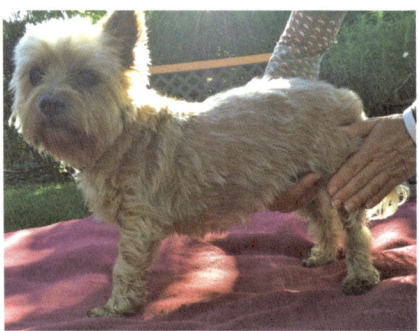

膝蓋內側
身體另一側

手術

在狗狗手術前、後，按著兩側的 SEL 15。

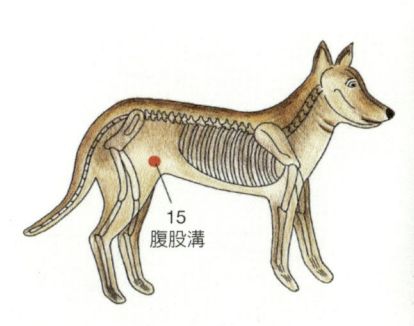

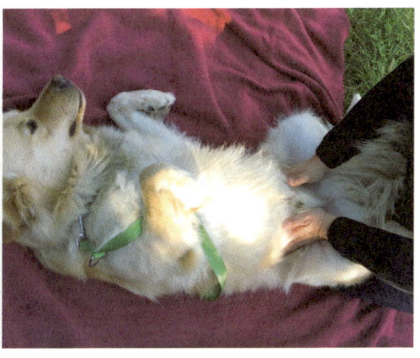

15
腹股溝

暈車

按著兩側的 SEL 14。
或是，按著 SEL 14，搭配 SEL 1（見第165頁）。

疼痛

按著 SEL 5，搭配 SEL 16，可以緩解各種疼痛。先針對身體的一側，再按身體另一側。

或是一手按住兩個能量點，兩手各按住左、右兩側的 SEL 5 與 SEL 16（見第187頁）。

用力過度

按著 SEL 15，搭配 SEL 24。

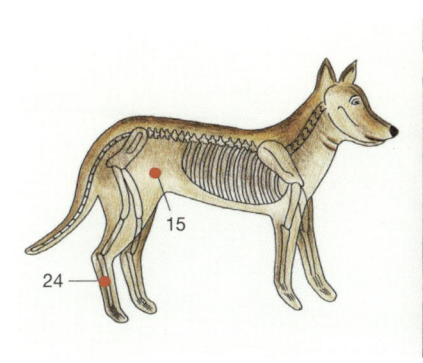

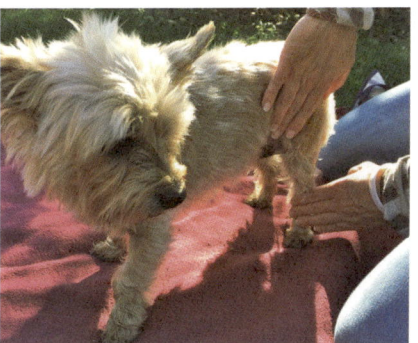

15
24

臨終照護

若要讓愛犬比較平靜地離世，可按著 **SEL 4**，搭配 **SEL 13**。
你也可以一手調理兩側的 **SEL 4**，另一手同時按著兩側的 **SEL 13**。

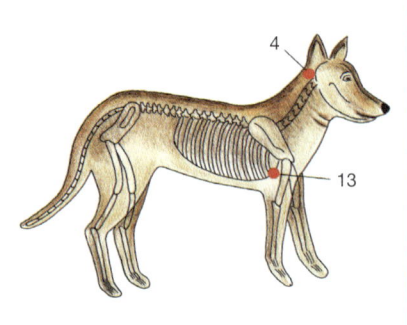

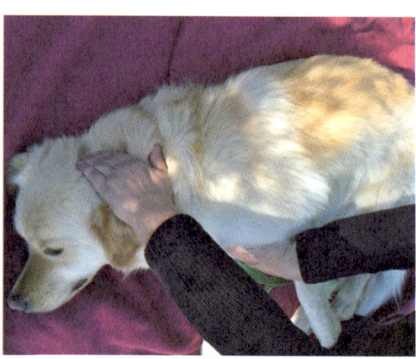

SEL 4 是重要的能量鎖，可輔助所有的過渡變遷。據說它可以「阻止死亡的進程，只要時辰未到」，也能幫助臨終者平靜離世。

13. 心理問題

恐懼與恐慌	222
侷促不安	223
神經緊張與驚嚇反應	224
思家病	225
妒忌	226
食物嫉妒	226
打鬥與攻擊性行為	227
頑固	228
被忽視	228
受虐待	228
噪音敏感	229

狗

恐懼與恐慌

調理恐懼的重要能量流是「正中能量流」（見第22頁），它讓一切回歸平衡，喚起深度的信任感。

針對與恐懼相關的所有問題，SEL 21、22、23是重要的能量鎖。可以下述組合運用這些能量鎖。

針對身體左側施作：
右手放在左側SEL 21，左手放在左側SEL 23。
如果狗狗不喜歡調理臉部，那就用SEL 12代替SEL 21。

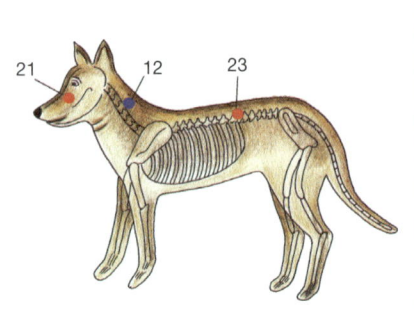

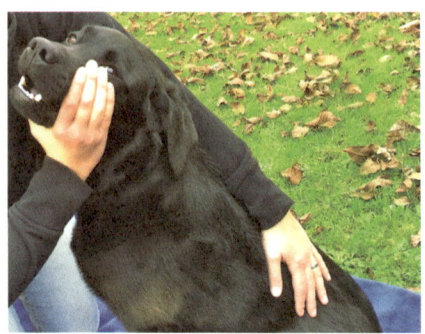

然後，保持左手在左側SEL 23，右手移至左側SEL 22。

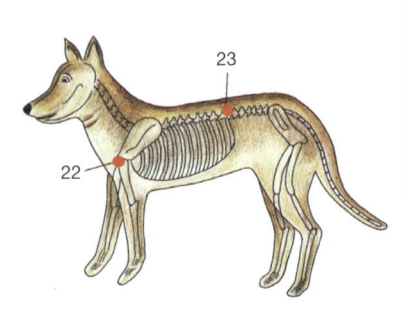

針對身體右側，則左右對調：
左手先放在右側SEL 21 或 SEL 12，右手放在右側SEL 23。
右手保持在右側SEL 23，左手移至右側SEL 22。

調和恐懼的另一種能量流如下：
左手放在左側SEL 4，右手放在左側SEL 12。然後，左手放在左側SEL 12，右手移至左側SEL 11。

針對小型犬或中型犬，可一手按著SEL 4，另一手同時按著SEL 11和SEL 12。

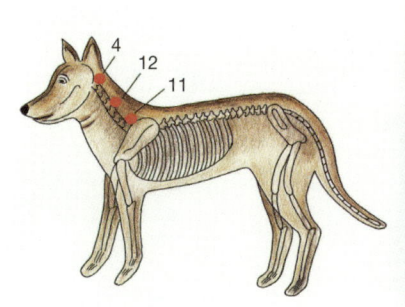

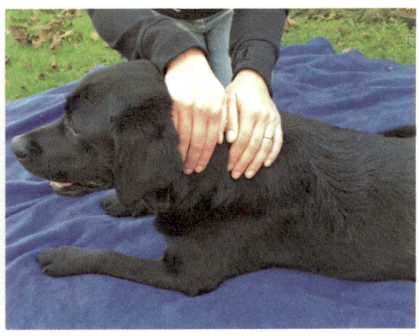

針對身體右側：
右手先放在右側SEL 4，左手放在右側SEL 12。
然後，右手放在右側SEL 12，左手移至右側SEL 11。

侷促不安

針對非常侷促不安或神經緊張的狗狗，可同時按著單側或兩側前腿的SEL 17和SEL 18。

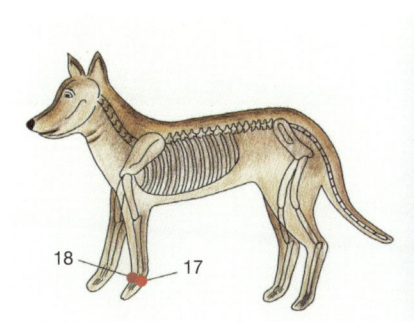

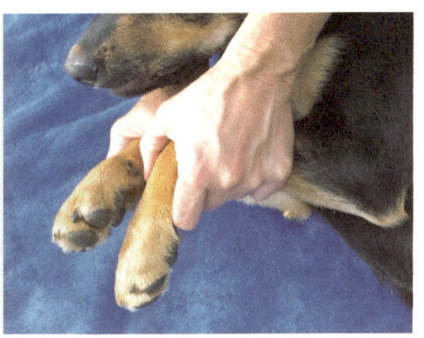

如果你的狗寶貝非常不安和焦慮，宜經常施作「正中能量流」（見第22頁）。

心理問題

223

狗

神經緊張與驚嚇反應

在此,「正中能量流」(見第22頁)同樣大有幫助。

按著兩側的 **SEL 1**(見第217頁),可以安撫非常神經緊張或受到驚嚇的動物。

或是,一手放在 **SEL 23**,另一手放在 **SEL 26**。

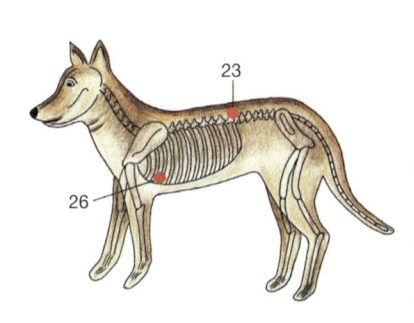

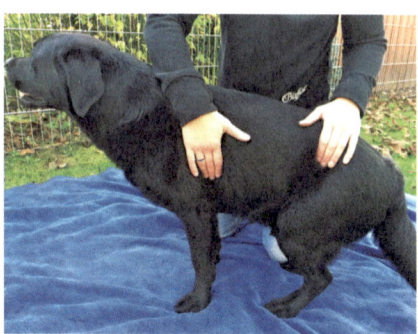

或是,按著 **SEL 21** 與 **SEL 22**。

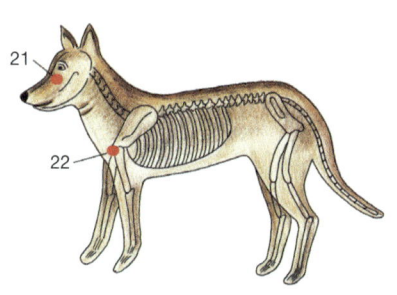

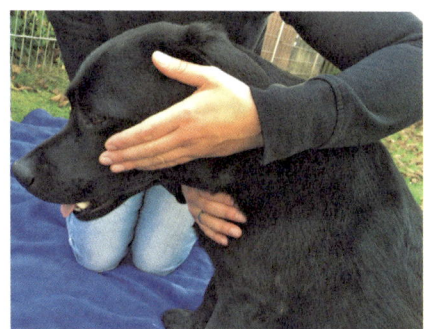

思家病

若要緩解狗狗的思家情緒，可按著兩側的 **SEL 9**（見下方左圖），或是兩側的 **SEL 19**（見下方右圖照片）。這會幫助狗狗適應新的情境。

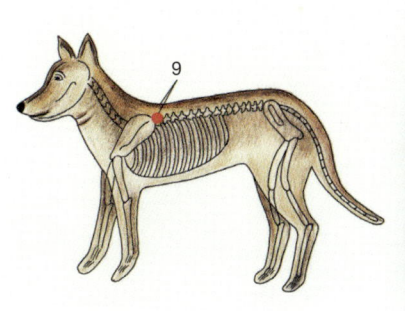

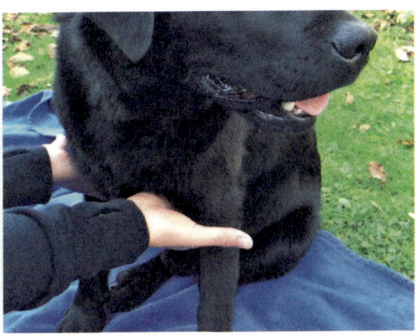

也可以按著 **SEL 11**，搭配 **SEL 12**。

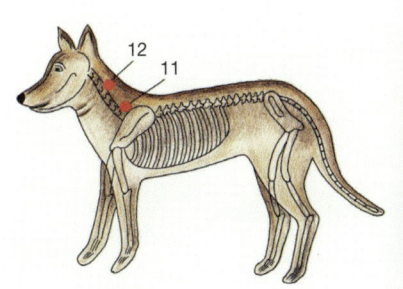

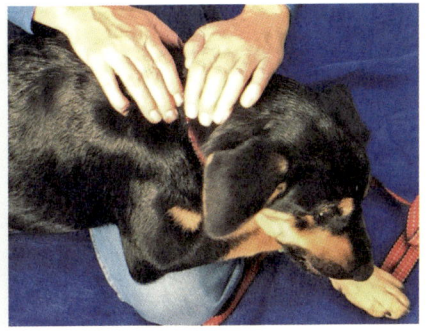

或是可以一手放在 **SEL 9**，另一手放在 **SEL 11** 和 **SEL 12**。

妒忌

有助於緩解妒忌的能量流是「胃能量流」（見第39頁）。
或是，按著 SEL 14，搭配 SEL 24。
SEL 24 可調和紛亂，包括內在的紛亂。

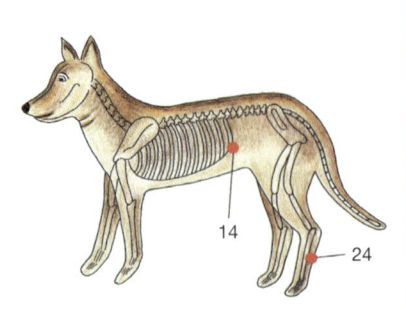

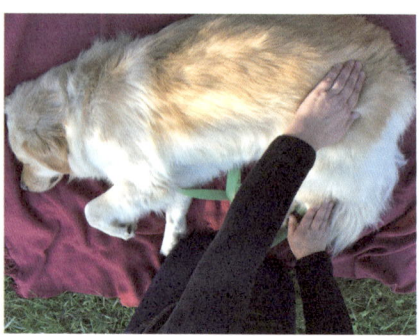

你也可以按著 SEL 14，搭配 SEL 22（見第197頁）。
SEL 22 可幫助狗狗適應特定的狀況或情境。

食物嫉妒

可按著 SEL 14 與高 SEL 19（約在 SEL 19 上方距離一腳掌寬的位置）。

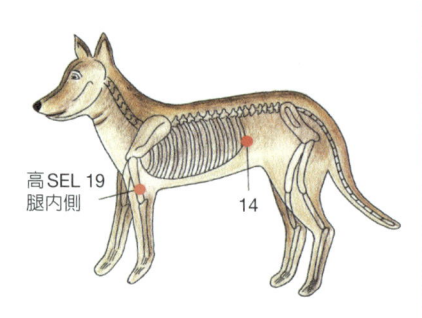

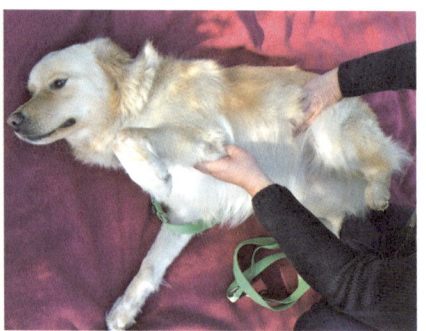

在此情況下，「胃能量流」（見第39頁）也可帶來放鬆和平靜。
或是，最好調和 SEL 13，搭配 SEL 10（見「初始中心調整法」，第20頁）。

打鬥與攻擊性行為

假使你的狗狗相當具攻擊性，容易捲入打鬥，可施作例如「正中能量流」（見第22頁），確保良好的基本和諧。

你也可以使用以下調理手法：
按著兩側的 SEL 24。
或是，按著 SEL 24，搭配 SEL 26。

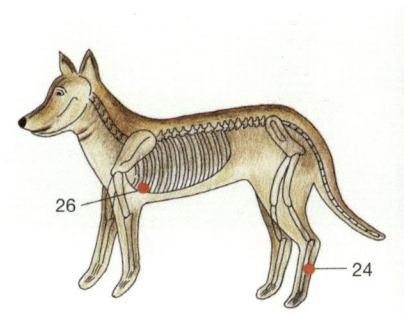

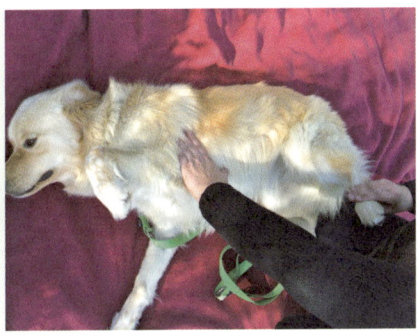

按著 SEL 22 與身體另一側的 SEL 4。

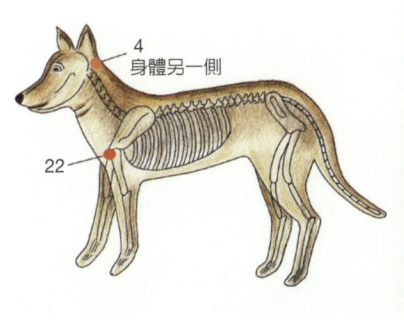

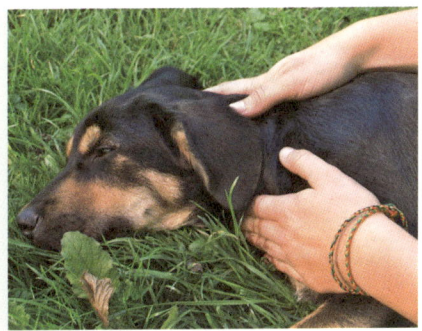

按著 SEL 20 與身體另一側的 SEL 4。

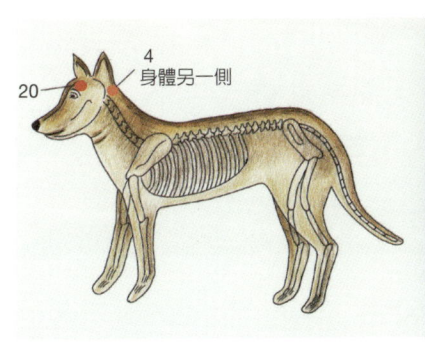

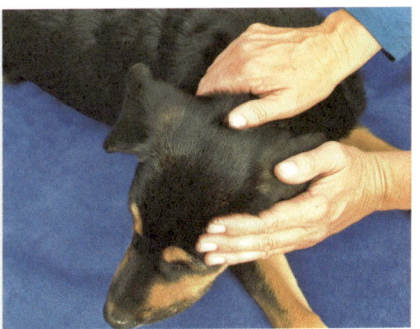

狗

頑固

按著 SEL 24 與 SEL 26（見第227頁）。
或是，按著 SEL 24 與 SEL 12。

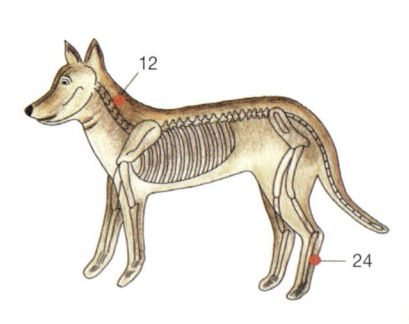

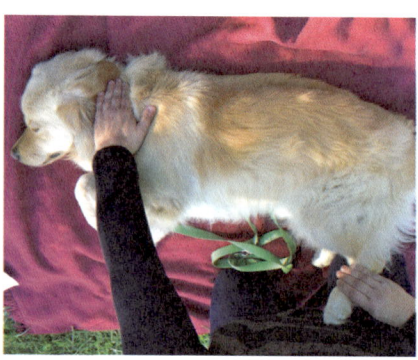

被忽視

如果你的狗狗在前一戶人家中曾經被忽視，可以運用「脾臟能量流」（見第35頁）來調和這種失衡狀態。

受虐待

受虐待也與被忽視的問題類似，「脾臟能量流」（見第35頁）是重要的療癒能量流。

「胃能量流」（見第39頁）可幫助放鬆，輔助情緒療癒，協助重建信任。

按著 SEL 10 與 SEL 13 的「初始中心調整法」（見第20頁），也可以幫助狗狗逐步處理負面體驗。

或是，按著 SEL 22 與身體另一側的 SEL 4。

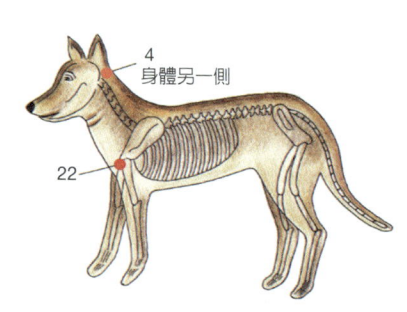

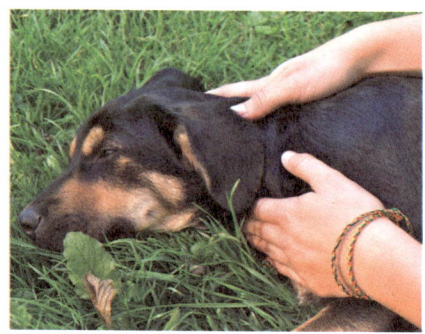

按著 SEL 20 與身體另一側的 SEL 4。

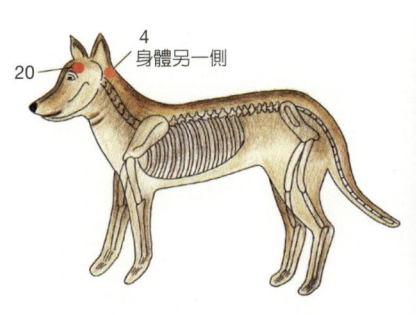

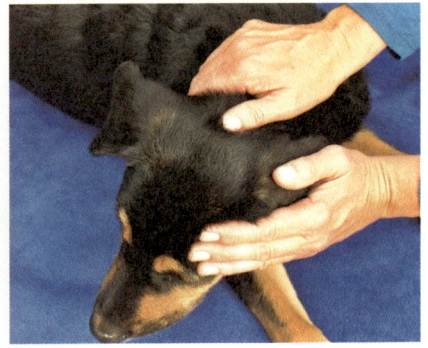

噪音敏感

如果狗狗對噪音非常敏感，可一手同時按著 SEL 22 與 SEL 13，另一手按著 SEL 17。

先針對身體的一側施作，再換到身體另一側。

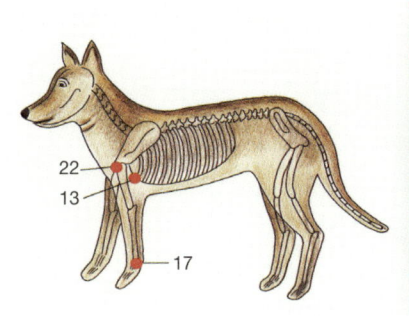

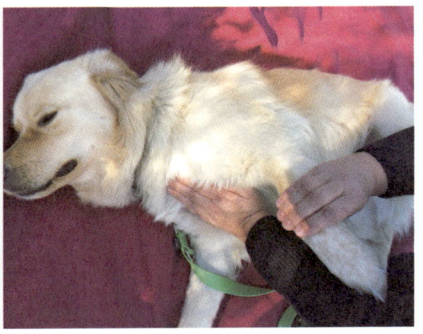

「脾臟能量流」（見第35頁）也可幫助緩解狗寶貝的各種超敏反應。

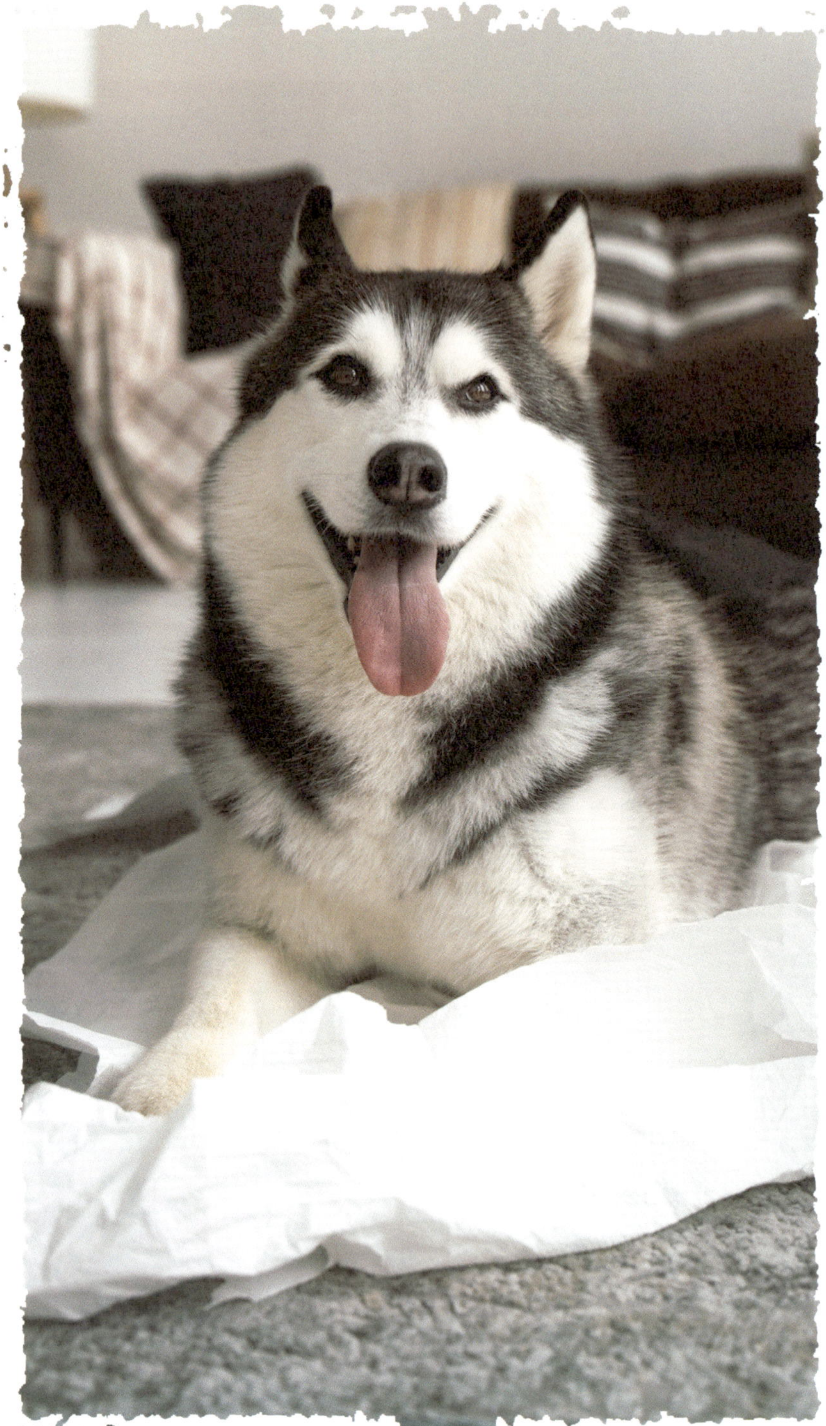

14.
其他問題

如廁訓練 ………………………………………… 232

亂吃垃圾或糞便 ………………………………… 232

衛生習慣不足 …………………………………… 232

調和藥物的副作用 ……………………………… 233

緩解疫苗反應 …………………………………… 233

狗

如廁訓練

「膀胱能量流」（見第48頁）可幫助狗狗更好地控制和調節排泄行為。

亂吃垃圾或糞便

狗狗為何吃糞便，有許多不同的看法。有些人認為，可能是寵物食品中的誘食劑或調味劑讓糞便對狗狗來說變得很有吸引力；另一些人則認為，那可能是礦物質缺乏的表現。

無論原因為何，對人類來說，想到吃糞便就令人不快；對狗狗而言則是不健康，因為狗狗可能吃進寄生蟲並因此染病。

狗狗的身心狀態越平衡和諧，牠的飲食選擇也會比較健康。然而，總是有例外，因為狗狗對什麼好吃有自己的想法。

若要平衡食慾，就要強化「胃能量流」（見第39頁）。

此外，「脾臟能量流」（見第35頁）也有助於調和飲食行為。

衛生習慣不足

如果狗狗不太在乎自身的乾淨整潔，你可以一手按著 SEL 12（一手放在頸部中段兩側 SEL 12 之間），一手按著尾椎骨（尾巴根部），藉此幫助牠。

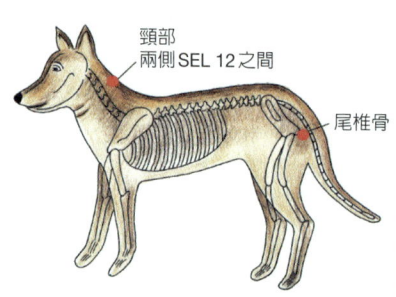

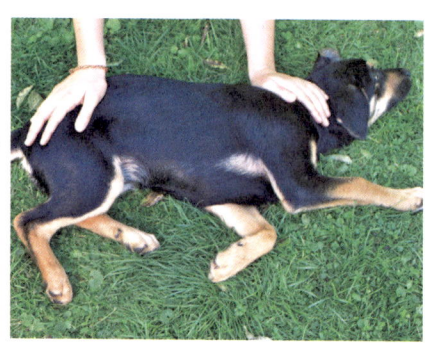

頸部兩側SEL 12之間

尾椎骨

調和藥物的副作用

若要減輕藥物的副作用，可先按著身體一側的 SEL 21 和 SEL 23，再換到身體另一側。

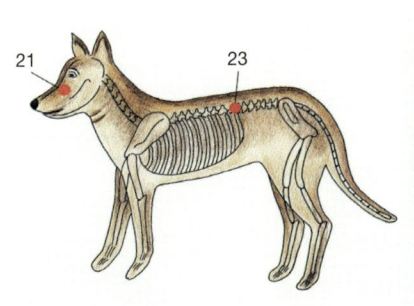

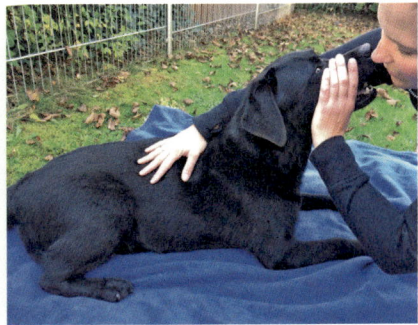

按著兩側的 SEL 22。
或是，按著 SEL 22，搭配 SEL 23。

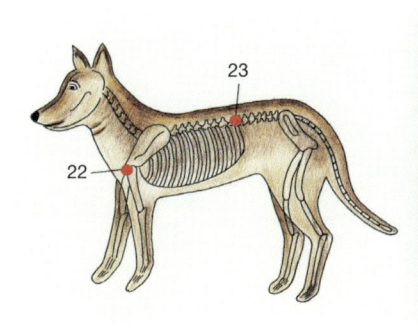

緩解疫苗反應

施作「脾臟能量流」（見第35頁）可以強化免疫系統，從而幫助狗狗更有效地對付有害物質。

或是，同時按著 SEL 23 和 SEL 25。

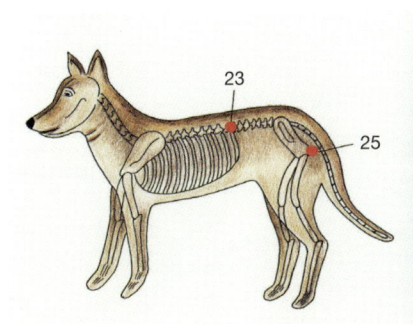

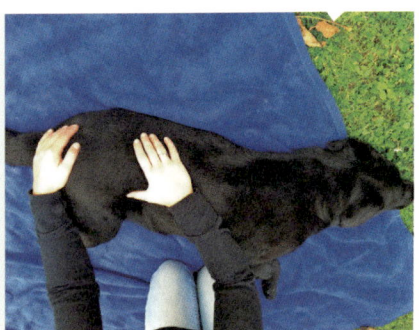

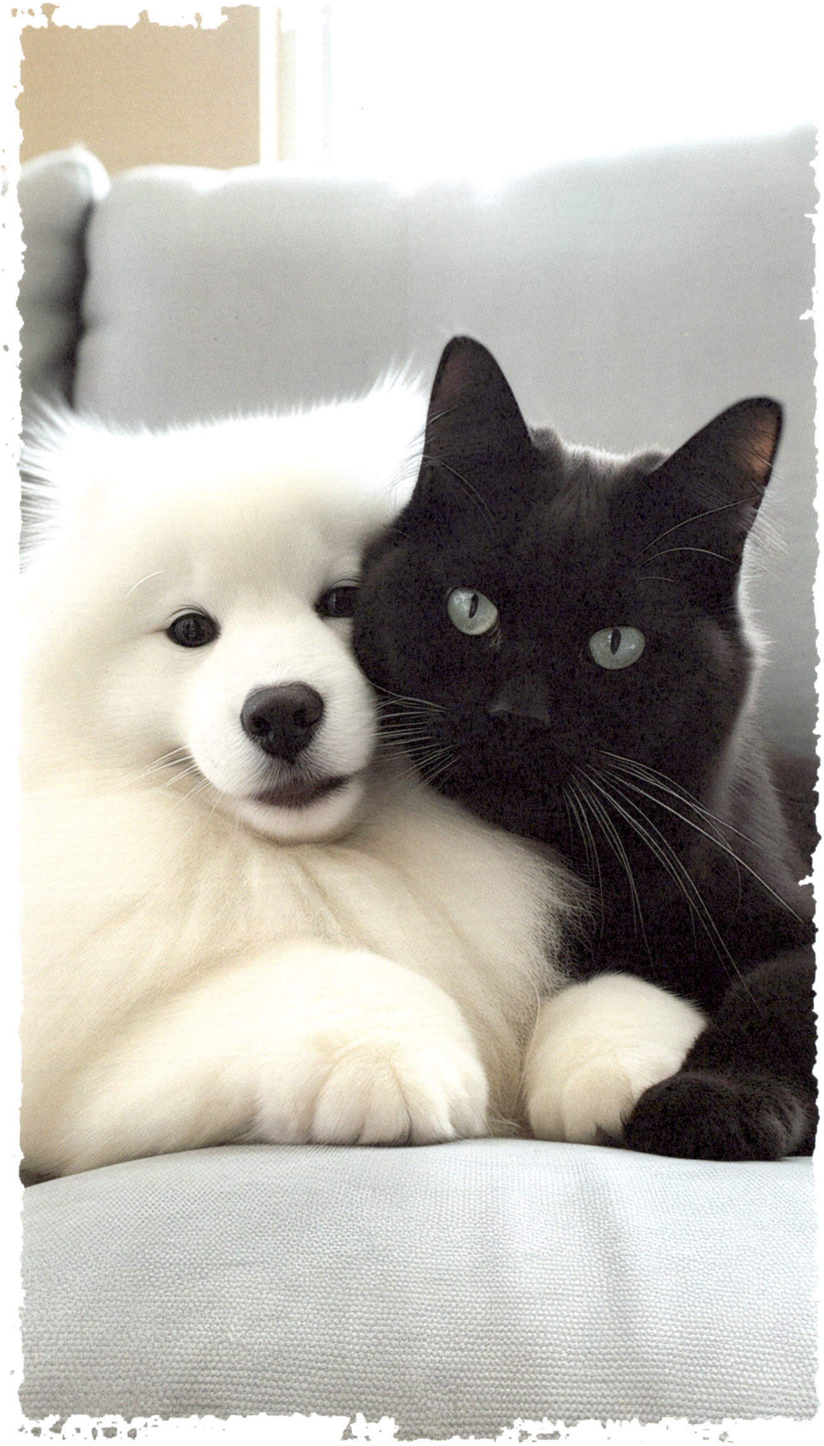

結語

敬請持續關注！

仁神術是造物主為慈悲的人們所創造的藝術，它的方法神奇、簡單，然而卻極其有效，可以在任何情況下幫助你與你的毛小孩強化身心健康。

最好養成每天調理你的毛小孩以及你自己的習慣——即使調理的時間很短暫。當你調和失衡的狀態，生命能量重拾動力，自癒力被啟動，症狀便可再次自行緩解。你的毛小孩會明顯感覺到比較舒服、放鬆，當然也就更健康了！

你可以運用仁神觸療法來預防疾病，輔助療癒毛小孩現有的疾病、受傷等等。此療法也可強化你與毛小孩以及你與自己的關係。

此外，這不需要占用許多時間，因為動物對這種療法的反應非常迅速，通常調理幾分鐘就夠了。而你自己在調理過後，也會感到力量增強且比較放鬆。

願你因為仁神術而收穫更多美好的體驗！

由衷祝福！

蒂娜・史敦普菲格（Tina Stümpfig）

致謝

我深深感謝村井次郎重新發現了仁神術，並將這門藝術的學問傳承下來。我也感謝瑪麗・柏邁斯特將這門學問帶到西方世界，以愛心宣傳散播，使我們大家都能夠接觸到。我要感謝過去以及現在指導過我的所有老師們，讓我可以一次次地向你們學習。

由衷感謝我父親爾文・韋伯（Erwin Weber）為本書繪製的貓咪和狗狗插圖。我也由衷感謝所有參與拍攝的模特兒，包括人物、狗狗、貓咪，感謝你們的支持：容嘉（Ronja）與諾拉（Nola）和卡洛斯（Carlos），安妮特（Annette）與伊莎貝拉（Isabella）和吉蒂（Kitty），坦婭（Tanja）與達爾文（Darwin），索妮婭（Sonja）與克努特（Knut），以及我的女兒們：珍娜（Jana）、美拉（Mira）、薩瑪雅（Samaya）、露西婭（Lucia），與她們的愛寵米爾科施（Mirkosch）、露娜（Luna）、蒔拉（Shila）。

感謝與自己的動物一起展開「仁神觸療冒險之旅」的每一位朋友，感謝你們的愛與耐心。

感謝每一位實踐、分享並無私地傳授仁神術的人們，你們再三提醒著自己和他人，最珍貴的寶藏蘊藏在我們之內。

Jin Shin Jyutsu®生理哲學（Physio-Philosophy）在美國註冊為商標，版權屬於Jin Shin Jyutsu Inc.，美國亞利桑那州（Arizona）斯科茨代爾（Scottsdale）。

BC1142

寵物仁神術：
貓狗全身能量點圖解，平日保健、緩解症狀，自學觸療超簡單！

Jin Shin for Cats and Dogs: Healing Touch for Your Animal Companions

作　　者	蒂娜・史敦普菲格（Tina Stümpfig）
譯　　者	非語
責任編輯	田哲榮
協力編輯	劉芸蓁
封面設計	斐類設計
內頁構成	歐陽碧智
校　　對	蔡昊恩
發 行 人	蘇拾平
總 編 輯	于芝峰
副總編輯	田哲榮
業務發行	王綬晨、邱紹溢、劉文雅
行銷企劃	陳詩婷
出　　版	橡實文化 ACORN Publishing
	地址：231030 新北市新店區北新路三段207-3號5樓
	電話：02-8913-1005　傳真：02-8913-1056
	網址：www.acornbooks.com.tw
	E-mail信箱：acorn@andbooks.com.tw
發　　行	大雁出版基地
	地址：231030 新北市新店區北新路三段207-3號5樓
	電話：02-8913-1005　傳真：02-8913-1056
	讀者服務信箱：andbooks@andbooks.com.tw
	劃撥帳號：19983379　戶名：大雁文化事業股份有限公司
印　　刷	中原造像股份有限公司
初版一刷	2025年6月
定　　價	480元
I S B N	978-626-7604-53-3

版權所有・翻印必究（Printed in Taiwan）
如有缺頁、破損或裝訂錯誤，請寄回本公司更換

JIN SHIN FOR CATS AND DOGS: HEALING TOUCH FOR YOUR ANIMAL COMPANIONS
by TINA STÜMPFIG
Originally published in German by Schirner Verlag as two volumes entitled Jin Shin Jyutsu: Heilströmen für Hunde (2016) and Jin Shin Jyutsu: Heilströmen für Katzen (2017)
Text and photographs © 2016/2017, 2022 by Tina Stümpfig
Illustrations © 2016/2017, 2022 by Erwin Weber
German editions © 2016/2017 by Schirner Verlag
English edition © 2022 by Findhorn Press
This edition arranged with SCHIRNER VERLAG GmbH & Co. KG, Birkenweg 14a, 64295 Darmstadt, Germany, through BIG APPLE AGENCY, INC. LABUAN, MALAYSIA. Traditional Chinese edition © 2025 Acorn Publishing, a division of AND Publishing Ltd.
All rights reserved.

國家圖書館出版品預行編目（CIP）資料

寵物仁神術：貓狗全身能量點圖解，平日保健、緩解症狀，自學觸療超簡單！/ 蒂娜・史敦普菲格（Tina Stümpfig）著；非語譯. -- 初版. -- 新北市：橡實文化出版：大雁出版基地發行，2025.06
　　面；　公分
譯自：Jin shin for cats and dogs : healing touch for your animal companions.
ISBN 978-626-7604-53-3（平裝）

1.CST: 寵物飼養　2.CST: 另類療法　3.CST: 能量

437.354　　　　　　　　　　　　　114004733